BETWEEN THE NATURAL AND THE ARTIFICIAL

DYESTUFFS AND MEDICINES

DE DIVERSIS ARTIBUS

COLLECTION DE TRAVAUX
DE L'ACADÉMIE INTERNATIONALE
D'HISTOIRE DES SCIENCES

COLLECTION OF STUDIES
FROM THE INTERNATIONAL ACADEMY
OF THE HISTORY OF SCIENCE

DIRECTION
EDITORS

EMMANUEL
POULLE

ROBERT
HALLEUX

TOME 42 (N.S. 5)

BREPOLS

PROCEEDINGS OF THE XXth INTERNATIONAL CONGRESS
OF HISTORY OF SCIENCE (Liège, 20-26 July 1997)

VOLUME II

BETWEEN THE NATURAL AND THE ARTIFICIAL
DYESTUFFS AND MEDICINES

Edited by

Gérard EMPTOZ and Patricia Elena ACEVES PASTRANA

BREPOLS

The XXᵗʰ International Congress of History of Science was organized by the Belgian National Committee for Logic, History and Philosophy of Science with the support of :

ICSU
Ministère de la Politique scientifique
Académie Royale de Belgique
Koninklijke Academie van België
FNRS
FWO
Communauté française de Belgique
Région Wallonne
Service des Affaires culturelles de la Ville de Liège
Service de l'Enseignement de la Ville de Liège
Université de Liège
Comité Sluse asbl
Fédération du Tourisme de la Province de Liège
Collège Saint-Louis
Institut d'Enseignement supérieur "Les Rivageois"

Academic Press
Agora-Béranger
APRIL
Banque Nationale de Belgique
Carlson Wagonlit Travel - Incentive Travel House

Chambre de Commerce et d'Industrie de la Ville de Liège
Club liégeois des Exportateurs
Cockerill Sambre Group
Crédit Communal
Derouaux Ordina sprl
Disteel Cold s.a.
Etilux s.a.
Fabrimétal Liège - Luxembourg
Generale Bank n.v. - Générale de Banque s.a.
Interbrew
L'Espérance Commerciale
Maison de la Métallurgie et de l'Industrie de Liège
Office des Produits wallons
Peeters
Peket dè Houyeu
Petrofina
Rescolié
Sabena
SNCB
Société chimique Prayon Rupel
SPE Zone Sud
TEC Liège - Verviers
Vulcain Industries

D/2000/0095/11
ISBN 2-503-50887-1
Printed in the E.U. on acid-free paper

TABLE OF CONTENTS

Part one
DYESTUFFS AND MEDICINES

Part two
BETWEEN THE NATURAL AND THE ARTIFICIAL
MATERIA MEDICA AND PHARMACY

PART ONE

Dyestuffs and Medicines

INTRODUCTION

COLORANTS ET MÉDICAMENTS
VARIATIONS CHIMIQUES ET INDUSTRIELLES
SUR UN THÈME INTERDISCIPLINAIRE

Gérard EMPTOZ

La relation entre médicaments et colorants est connue de longue date dans l'histoire des sociétés. On sait qu'au milieu du XIXe siècle c'est en cherchant à préparer chimiquement de la quinine que W. Perkin a découvert la mauvéine, premier colorant artificiel. On sait aussi que les laboratoires de chimie organique ont développé des recherches pharmaceutiques à la suite de travaux entrepris sur les colorants. Mais cette relation entre les deux domaines est à la fois plus ancienne et plus complexe. Née d'une curiosité pour l'exotisme, leur aventure commune commence au XVIIIe siècle dans les vaisseaux et dans les bagages des voyageurs qui les rapportent avec quelques secrets espionnés, vers l'Europe occidentale. Elle va se poursuivre presque pendant deux siècles.

L'HISTOIRE DES COLORANTS NATURELS REMISE À JOUR

L'idée de ce symposium a germé après les travaux que Robert Fox avait initiés dans le cadre du projet de l'European Science Foundation, sur l'histoire de la chimie en Europe. Nous lui sommes redevables d'avoir engagé la réflexion autour des colorants naturels, et d'avoir fait émerger un sujet que l'historiographie actuelle a presque laissé de côté. Il semblait presque acquis que les colorants synthétiques, sur lesquels nous possédons une masse de travaux historiques considérable, avaient balayé définitivement les colorants traditionnels en l'espace de quelques décennies vers la fin du XIXe siècle. Le changement technique aurait ainsi été très rapide et un système complet de matières premières, de procédés de teinture et d'application sur les étoffes, de produits de consommation et d'échanges internationaux entre plusieurs continents auraient disparu suite à l'émergence de la carbochimie triomphante dans le monde occidental.

L'affaire est loin d'être aussi simple comme on pouvait s'en douter, et à présent plusieurs des chercheurs qui ont participé au programme de l'Atelier européen organisé à Oxford en janvier 1996 par R. Fox et A. Nieto-Galan ont fait resurgir une histoire remarquable et oubliée des colorants naturels. La place qu'ils ont occupée jusqu'à la fin du siècle dernier est remise en valeur et une révision de l'histoire de cette chimie serait même à envisager.

UNE PROBLÉMATIQUE NOUVELLE AUTOUR DES COLORANTS ET DES MÉDICAMENTS

Dans une perspective d'élargissement de la réflexion engagée sur les colorants naturels et de leurs évolutions durant la période des colorants synthétiques, il nous semblait en effet intéressant de se poser la question symétrique des médicaments naturels ayant des propriétés colorantes, et de leur existence au moment où des médicaments synthétiques voyaient le jour. Le but d'un symposium au Congrès d'Histoire des Sciences à Liège était de mettre en parallèle un certain nombre de thèmes sur les colorants et les médicaments dans l'histoire des sciences, des techniques, de la médecine et des industries associées.

Initialement nous avons pensé aborder les questions suivantes :

- La protohistoire des alliances des colorants et des médicaments dans les cahiers de recettes de la période médiévale au XVIIIᵉ siècle.

- L'introduction des drogues colorantes (garance et indigo) et thérapeutiques (quinquina) ainsi que des secrets espionnés, tant dans les Isles d'Amérique que dans la Grèce alors sous domination turque, et dans d'autres pays.

- Les modalités de la découverte de la parenté chimique entre l'indigo et la quinine, ou d'autres composés.

- Les réactions des teinturiers et des chimistes face aux colorants artificiels ; celles des médecins et des pharmaciens devant l'introduction des molécules de synthèse en thérapeutique.

- L'examen de la notion de produit naturel, synthétique et artificiel en matière de colorants et de médicaments.

- La relation entre la fixation des colorants dans les fibres et l'assimilation biologique des médicaments.

- L'usage de la couleur en analyse chimique et dans le dosage des médicaments (colorimétrie).

- L'étude de la toxicité des colorants et les protections sociales dans les industries concernées.

Nous insistions pour que les communications puissent comporter la double approche qui permette de mettre en parallèle les deux domaines.

En dressant une première liste de sujets possibles, il apparaissait en effet que des études nombreuses et minutieuses avaient été faites séparément sur chacun des deux sujets, mais que rien n'avait encore été entrepris sur leur histoire conjointe. Ce thème, de plus, pouvait donner l'occasion de faire se rencontrer des historiens de la chimie des colorants naturels et synthétiques, en particulier ceux qui se retrouvaient actuellement autour de la Fondation Européenne de la Science (tels Robert Fox, Ernst Homburg et d'autres collègues, dont notre équipe de Nantes), avec des historiens de la pharmacie, de la médecine, et d'autres spécialistes intéressés par les colorants.

L'histoire commune des médicaments et des colorants peut en effet bénéficier de quatre lectures différentes :

- L'une historique : telle que l'histoire des colorants et des médicaments dans les pays dont ils sont originaires, la façon dont ils se côtoient dans les livres de recettes des droguistes et des apothicaires, leur pénétration en Europe ou ailleurs ; et également l'évolution des connaissances des drogues et des colorants en fonction de l'évolution des connaissances botaniques, médicales, chimiques, et techniques.

- La seconde scientifique et technique : concerne aussi bien la compréhension de la structure chimique des colorants et des médicaments, et conjointement l'évolution des techniques analytiques, que la mise au point des techniques d'extraction et de synthèse, ou encore l'utilisation de la colorimétrie en médecine ; enfin le passage de la fabrication des colorants aux médicaments à travers l'histoire des laboratoires et des grandes firmes industrielles.

- La troisième sociologique pourrait regrouper des sujets tels que l'histoire de la notion de naturel et d'artificiel, la prise de conscience de la toxicité des colorants et des médicaments et la législation qui s'en est suivie, ou encore l'accueil fait aux produits de synthèse par rapport aux produits naturels et le retour vers ceux-ci actuellement dans l'alimentation par exemple.

- La quatrième, encore ouverte, afin d'y inscrire des thèmes auxquels nous n'avions pas encore pensé et qui ont été proposés par les intervenants.

Dans le cadre de la préparation du symposium, dont le principe avait été accepté par le Comité d'organisation du Congrès de Liège, nous avons contacté dans plusieurs pays de nombreuses personnes en leur demandant aussi de faire connaître le projet autour d'elles. C'est ainsi qu'une quinzaine d'intentions de communiquer émanant de neuf pays différents (France, Allemagne, Pays-Bas, Grande-Bretagne, Espagne, Grèce, Mexique, États-Unis, Israël) ont été reçues. Ceci constituait un premier indice sur l'intérêt présenté par le sujet. On remarquait en particulier que les propositions de communication ne permettaient pas de couvrir l'ensemble des points indiqués précédemment, mais qu'il était possible d'organiser un programme autour de trois axes fédérateurs sensiblement différents des thématiques initialement sollicitées :

- Les sciences pharmaceutiques et les pratiques tinctoriales, thème autour duquel quatre communications étaient regroupées. La période couverte, du milieu du XVIIIe siècle au milieu du siècle suivant, aurait donné des éclairages sur des pratiques dans plusieurs pays européens.

- Le lien chimique entre médicaments et colorants, thème autour duquel quatre autres communications auraient permis d'entrer dans la chimie des colorants naturels du XVIIIᵉ jusqu'aux médicaments de synthèse du début du XIXᵉ siècle en Europe, et voir le rôle d'un industriel.

- Les colorants et la santé auraient constitué le troisième thème, avec des communications sur des perspectives extra-européennes, en particulier avec le cas de l'indigo, jusqu'à des médicaments anticancéreux au milieu du XIXᵉ siècle.

Entre temps, suite à des désistements qu'il faut regretter, le programme final du Symposium n'a pu être aussi fourni que prévu. Heureusement deux communications nouvelles, l'une émanant d'un collègue du Mexique et une autre d'une collègue de Belgique nous sont parvenues à temps pour élargir le panorama de notre programme et l'enrichir comme on le verra plus loin.

C'est donc autour de deux grands thèmes que les échanges scientifiques ont été organisés : Les " Sciences pharmaceutiques et pratiques tinctoriales ", d'une part, avec cinq communications qui devraient permettre, comme on le verra ici, de mettre en parallèle une longue histoire commune des colorants et des médicaments aux XVIIIᵉ et XIXᵉ siècles. L'autre partie du symposium a été consacrée au thème symétriquement opposé : " Science des colorants et pratique médicale ", avec cinq autres communications couvrant pratiquement la même période que dans la première session, où théorie et pratique chimique, du laboratoire à l'industrie, étaient confrontées au changement technique lié au monde médical. Le présent volume réunit la plus grande partie des travaux qui ont été présentés au colloque. Il est donc le reflet de quelques-unes des recherches en cours sur le thème des colorants et médicaments.

COLORANTS ET MÉDICAMENTS : DES RELATIONS ENCORE À EXPLORER
SOUS UN ANGLE INÉDIT DU XVIIIᵉ SIÈCLE À NOS JOURS

Une première constatation peut être faite quant au projet initial : bien que le symposium n'ait pas pu couvrir toute l'étendue du champ qui nous semblait intéressant d'explorer, il a bien fait ressortir la richesse de son contenu. Les limites dans le temps et dans l'espace qui sont apparues indiquent que les recherches sont encore peu développées dans la problématique qui a été proposée, que les périodes couvertes semblent encore limitées aux trois siècles de la période industrielle, avec un centrage sur le XIXᵉ siècle, et en Europe principalement ou dans des territoires dépendant de ce continent durant les périodes coloniales. Un autre constat est celui du nombre apparemment limité de travaux sur les sciences pharmaceutiques sous l'angle chimique des médicaments. On doit cependant remarquer qu'un autre symposium, organisé par Dr Patricia Aceves sur ce thème, a attiré des collègues en cette direction. C'est pourquoi, en accord avec notre collègue, il a été décidé d'éditer les communications dans un volume unique, qui permet de souligner la complémentarité des différents thèmes scientifiques étudiés.

Lorsqu'on porte un regard sur les travaux qui ont été présentés au symposium, et dont plusieurs textes du présent volume sont issus, on observe d'abord le double rôle joué par des colorants reconnus comme tels, la garance, avec la communication de Mme Monique Dembreville (France), et surtout l'indigo avec la communication du Dr Jenny Balfour-Paul (Grande-Bretagne). Des pratiques anciennes, en particulier arabes, qui perdurent sont ici décrites en détail, et ce travail est particulièrement original et enrichissant. D'ailleurs, la recherche approfondie que cette collègue a menée sur l'indigo devait servir de liaison avec celle présentée par Dr Gerardo Sanchez Díaz (Mexique) sur la culture de l'indigo au Mexique. On y trouve une raison à la résistance dans les pays d'Amérique latine à la pénétration des colorants synthétiques dans l'histoire.

Avec les communications de Dr David Knight (Grande-Bretagne) et du Prof. Ernst Homburg (Pays-Bas), les hommes ont été présentés. Davy et Thomson, pour la Grande-Bretagne, à la croisée des chemins de la théorie et de la pratique. On regrettera que le rapprochement des chimistes de l'impression sur étoffes et des pharmaciens des médicaments n'ait pu être développé autant que prévu par E. Homburg, car ce sujet très intéressant devrait ouvrir de nouvelles perspectives dans l'avenir. La conférence introductive de R. Fox avait d'ailleurs souligné certains aspects du problème du transfert des savoirs, et de l'importance qu'il y a de prendre en compte les aspects locaux dans l'étude des colorants.

Dans le deuxième thème, on trouvera d'abord mis en lumière le rôle des pharmaciens dans la science des colorants en développement. Mme Brigitte Van Tiggelen (Belgique) a souligné un aspect inattendu des travaux d'un pharmacien belge, van Bochaute, s'interrogeant sur le Bleu de Prusse, produit à la frontière entre les substances organiques puisqu'il se fait avec du sang et des corps minéraux en raison du fer qu'il contient. De son côté, Dr Anne-Claire Déré (France) nous a indiqué la nature des problèmes que les pharmaciens se sont posés au tournant du XIXe siècle en France. Là encore, on constate la présence forte de cette profession sur le front de la chimie. La contribution de Mlle Angélique Kinini (Grèce), nous décrit la naissance d'une nouvelle industrie en Grèce, selon un processus initié en Allemagne dans les années 1860, qui voit le passage dans les années 1880 de la production de colorants synthétiques à des médicaments synthétiques avec de nombreux transferts de technologie. Une telle problématique est certainement des plus fructueuses dans le cadre de ce symposium.

Enfin, le professeur Ayed et M. Oueslati apportent des matériaux nouveaux sur la teinture des fez au kermès en Tunisie, réputée aussi pour ses vertus médicinales.

PREMIER BILAN : LA PORTE ENTR'OUVERTE SUR UN THÈME NOUVEAU

Lorsque le sujet des colorants et des médicaments a été posé, les réponses qui sont venues ont bien indiqué sa double face. D'un côté les colorants attirent l'attention des historiens de la chimie, mais la part donnée aux colorants synthétiques est encore très grande et celle qui a été entreprise depuis peu sur les colorants naturels ne fait émerger qu'une partie de l'iceberg. C'est une véritable archéologie de la chimie, de la botanique, de la pharmacie, de la médecine, des savoirs millénaires de l'extraction et de la teinture, des échanges économiques et des transports nationaux et internationaux qu'il faudrait entreprendre de manière plus systématique dans les pays européens ainsi que dans le reste du monde, ceci sur une durée d'environ quatre siècles.

Le projet parait très ambitieux, mais il permettrait de remettre en perspective une histoire qui semble remarquable pour deux raisons. D'abord un retour des colorants naturels dans certaines activités créatives a lieu actuellement. Raisons économiques dans des pays en développement, raisons écologiques dans les pays développés, goût du public pour le retour au naturel ou mode de consommation qui perdurent, tous ces éléments concourent à retrouver des savoir-faire, à les conserver et à les remettre à jour. N'a-t-on pas assisté au siècle dernier à un mouvement d'intérêt pour des techniques de construction médiévales oubliées pour restaurer les cathédrales romanes ou gothiques ? La deuxième raison est qu'on a pas complètement expliqué pourquoi c'est la production des colorants synthétiques qui a représenté le coeur du changement technique de l'industrie chimique au siècle dernier. Bien évidemment les arguments trouvés sont très solides et soigneusement étayés par les nombreux travaux historiques : nécessité de comprendre la structure des molécules engagées dans les synthèses, de comprendre la nature des filières avec les réactions chimiques en jeu, de maîtriser les matières premières, de former des hommes et construire des laboratoires de recherches, d'investir dans l'avenir avec la création de sociétés puissantes et innovantes, de bénéficier d'aides des États, etc. Mais pourquoi les colorants et non pas d'autres produits chimiques ? Les couleurs du monde qui entourait nos prédécesseurs au XIXe siècle n'ont pu susciter un tel engouement scientifique et industriel que si elles représentaient la modernité la plus visible et la mieux vécue. Quant aux teinturiers et imprimeurs sur étoffes, ils ont pu faire des merveilles parce qu'ils avaient appris les savoirs dont ils avaient besoin. A ce sujet, l'historien François Caron semble avoir exploré le plus en profondeur cette problématique sous l'angle économique, mais les aspects techniques quant à eux mériteraient d'être ré-examinés de plus près.

Il apparaît clairement que les recherches sur les médicaments naturels et le passage aux médicaments synthétiques se sont opérés dans le même mouvement, mais qu'ici les acteurs sont différents du changement précédent : chimistes, pharmaciens ou pharmaciens-chimistes, médecins sont tout autant concernés que les botanistes, et autres fournisseurs, sans compter les transporteurs et les échanges économiques autour des drogues sur la longue période. Là encore le sujet mériterait plus d'attention. D'ailleurs, n'assiste-t-on pas actuellement à la persistance des médicaments à base de produits naturels extraits de plantes ou d'animaux ? Des recherches actuelles parmi les plus avancées amènent des entreprises pharmaceutiques à des retours sur des produits que seule la Nature peut fournir pour le moment, des hormones aux médicaments anticancéreux. Les travaux présentés ici signalent déjà des connections avec les colorants qui nous interpellent.

Leur rapprochement devrait certainement ouvrir une porte plus grande que celle entrouverte dans le présent volume. Les frontières ne devront plus exister s'il faut aller plus en avant dans ce projet. C'est donc par la coopération inter-nationale que pourra être développée une réflexion historique sur les longues relations entre colorants et médicaments. Tel est notre souhait pour l'avenir.

RÉFÉRENCES

- Les actes de l'Atelier ESF, tenu à Oxford les 4-5 janvier 1996, ont donné lieu à une publication collective : voir R. Fox, A. Nieto-Galan (eds), *The Natural Dyestuffs and Industrial Culture in Europe, 1750-1850,* Science History Publications (in press).

- G. Emptoz, " Chimie des colorants et qualité des couleurs face au change-ment technique dans les années 1860 ", dans R. Fox, A. Nieto-Galan (eds), *op. cit.*

- Symposium tenu à Liège, au sein du XXᵉ Congrès international d'Histoire des Sciences, 20-26 juillet 1997, organisé conjointement par Gérard Emptoz et Robert Fox.

REMERCIEMENTS

Nous remercions Robert Fox d'avoir accepté de partager la co-direction du symposium " Colorants et médicaments " dans le cadre de travaux de recher-ches en commun signalés plus haut. Ses conseils pour l'organisation du sym-posium et sa participation aux séances ont été beaucoup appréciés et nous lui adressons ici notre reconnaissance amicale.

Nos remerciements vont également au Dr Anne-Claire Déré pour l'aide très précieuse qu'elle nous a donnée aussi bien sur les aspects scientifiques du pro-gramme que sur l'organisation pratique du symposium. Les textes réunis ici ont été revus avec sa participation très active.

LA GARANCE AU CARREFOUR DES SCIENCES MÉDICALES ET DES PRATIQUES TINCTORIALES

Monique DEMBREVILLE et Anne-Claire DÉRÉ

UNE RUBIACÉE AUX MULTIPLES VERTUS

La garance des teinturiers ou *Rubia tinctorum* fait partie de la famille des rubiacées avec plusieurs types de plantes herbacées : sa soeur sauvage la *Rubia peregrina*, le caille-lait blanc, le caille-lait jaune, le gaillet gratteron.

Toutes ces rubiacées ont comme habitat les haies, les bords de routes, les taillis, les prairies et les clairières ; seule la *Rubia tinctorum L.* est cultivée, surtout en raison de son utilisation en teinture. Les couleurs obtenues avec les racines vont du rouge orangé au rouge sang. D'autres utilisations sont connues, notamment celles des racines et des feuilles pour faire cailler le lait, nettoyer les étains, et pour diverses applications médicales dont certaines continuent de nos jours.

Les planches botaniques décrivent de façon très variable cette rubiacée et mettent en évidence un des paradoxes concernant la garance ; elle continue d'apparaître dans les ouvrages de référence jusqu'à la fin du XIXe siècle alors qu'elle n'est plus cultivée ; par contre elle est ignorée dans des ouvrages généralistes de la fin du XVIIIe siècle. Ainsi dans l'*Herbier de France*[1] seul le gaillet est décrit ; ou bien encore elle est peu évoquée dans les nombreux ouvrages de Lémery en particulier dans ses pharmacopées[2]. Alors que la *Flore* de Panckoucke[3] montre la plante dans son ensemble ainsi que la racine, les fruits et la fleur, l'ouvrage de J. Decaisne[4] offre les plus belles planches descriptives sur la garance. Le *Dictionnaire général des sciences théoriques et*

---

1. P. Bulliard, *Herbier de France*, 1780.
2. N. Lémery, *Pharmacopée universelle contenant toutes les compositions de pharmacie qui sont en usage en médecine*, 5e éd., Paris, 1761.
3. *Flore médicale*, Paris, 1817 et éd. suivante 1823, t. IV, planche 177.
4. J. Decaisne, *Recherches anatomiques et physiologiques sur la garance*, Bruxelles, 1837.

appliquées de Privat Deschanel et Focillon[5] donne des indications satisfaisantes des différentes parties de la garance. Enfin, dans l'*Atlas des plantes de France* de A. Masclef en 1891, elle est décrite uniquement dans sa partie supérieure.

PRODUCTION DE GARANCE EN FRANCE

La production[6] connaît un pic vers 1856 (voir annexe 1), et, malgré la synthèse de l'alizarine, principe actif de la garance, par Graebe et Liebermann en 1869, continue à croître jusqu'à 1875, date où commence le déclin des garancières[7].

Aujourd'hui il est toujours possible d'acheter de la garance en racines chez certains herboristes[8], et encore chez les restaurateurs de tapis et tapisserie teints en teinture végétale.

Les laboratoires pharmaceutiques spécialisés en phytothérapie ne commercialisent plus la garance en poudre ou en racines mais l'emploient uniquement dans des préparations magistrales souvent associées à d'autres produits. Dans tous les cas elle provient d'Iran par l'intermédiaire de différents importateurs.

L'activité tinctoriale de la racine de garance est principalement due à l'alizarine, isolée en 1826 par Robiquet et Colin, et à d'autres composés du groupe des quinones[9]. La *Matière médicale* de R.R. Paris et H. Moyse[10] signale dans les racines de plantes adultes 19 substituants anthraquinoniques, dont D. Cardon cite aussi le nombre important.

UN APERÇU DES APPLICATIONS EN THÉRAPEUTIQUE

Dans un large éventail d'indications thérapeutiques, les plus courantes étaient autrefois : le rachitisme, les scrofules, la phtisie. La garance était dite aussi emménagogue, apéritive et diurétique. Elle entrait dans la composition de vins apéritifs et dans certaines thériaques. Pour J.B. Chomel (1671-1748), docteur régent de la faculté de médecine, médecin ordinaire du Roi, dans sa flore[11], ouvrage de référence réédité de nombreuses fois, elle est associée à

---

5. Privat-Deschanel et A.D. Focillon, *Dictionnaire général des Sciences théoriques et appliquées*, 1869, t. 2, 1174.

6. Extrait du *Dictionnaire encyclopédique de l'industrie des arts industriels,* Lami E.O., 1880, t. VIII, 375, garance.

7. G. Dillemann, *Produits et problèmes pharmaceutiques*, vol. 22, n° 22, juillet-août 1968, 392.

8. Herboristerie Notre-Dame des Champs, 38 rue du Montparnasse, 75006 Paris, 01 45 48 34 81.

9. D. Cardon, *Guide des teintures naturelles*, 1990, 54, (les anthraquinones).

10. R.R. Paris et H. Moyse, *Matière médicale*, Paris, Masson, 1971, t. 3, 377-378.

11. J.B. Chomel, *Les Plantes usuelles et exotiques*, nouvelle éd. 1809, 108.

cinq autres plantes dites apéritives et diurétiques (fenouil, asperge, houx, câprier, arrête-bœuf).

Autre exemple d'application, dans le formulaire pharmaceutique de Cadet de Gassicourt[12] la garance se trouve mélangée à d'autres plantes pour une boisson anti-strumeuse[13], selon la formule ci-dessous :

Racines de garance concassées 3 onces 16 gros

Sommités de houblon une forte pincée

Feuilles de noyer déchirées n° III.

Eau commune 750 g

Faire bouillir jusqu'à réduction d'un tiers, passez, ajouter à la colature refroidie de la teinture de mars tartarisée, 3 onces. 4 gros.

Quatre verrées par jour.

LE PRINCIPE ACTIF DE LA GARANCE : UNE DÉCOUVERTE FORTUITE ET SES CONSÉQUENCES

En 1737, alors que la garance, drogue tinctoriale et médicinale, poursuit en parallèle sa carrière dans les codex et dans les manuels des teinturiers, un événement fortuit va brusquement provoquer un rapprochement entre ses vertus colorantes et ses vertus thérapeutiques et du même coup remettre en question ces dernières.

Alors qu'il dînait à Londres, " chez un teinturier qui travaillait en toiles peintes, un chirurgien, membre de la Royal Society, remarqua que dans un porc frais qu'on avait servi sur table et dont la chair était de bon goût, les os étaient rouges. Il demanda la cause de cet effet singulier, et on lui dit que ces sortes de teinturiers se servaient de la garance, pour fixer les couleurs déjà imprimées sur les toiles de coton "[14]. Il se fait alors conter les pratiques en usage dans les manufactures d'indiennes et apprend notamment que pour rendre aux toiles une fois teintes tout l'éclat de leurs couleurs, " on les fait bouillir dans un chaudron avec du son de farine. [...] Enfin, pour ne pas perdre ce son, qui a absorbé l'excédent de couleur rouge, on le mêle avec l'aliment ordinaire des pourceaux et c'est ce qui produit cet effet sur leurs os, sans affecter d'une manière sensible ni les chairs, ni les membranes, ni les cartilages, ni aucune autre partie du corps ". Cette observation, qui ne semble pas émouvoir le teinturier met pourtant pour la première fois en évidence une relation entre le principe colorant de la garance et son action sur la physiologie animale. Découverte que ne manque pas de relever le corps des médecins et des chimistes. Tandis que certains voient dans l'action sélective sur les os, l'indication de

---

12. Cadet de Gassicourt, *Formulaire magistral,* 7e éd., Paris, 1833, 60.

13. Infection des glandes, poumons, lymphe.

14. Lettre du Chevalier Sloane, président de la Société royale de Londres, lue par M. Geoffroy à l'Académie des Sciences en février 1737, *Mémoires de l'Académie des sciences*, 1739, 2.

vertus contre le rachitisme, d'autres, plus prudents, pensent avoir trouvé là un sujet d'étude digne de tous leurs soins.

En 1739, Duhamel du Monceau présente à l'Académie des Sciences les résultats d'une série d'expériences, faites sur des pigeons, qui le conduisent à confirmer celles que le chirurgien anglais avait " ébauchées ". Notamment la fixation sélective sur les os et la toxicité de la garance pour les animaux. Les pigeons gavés présentent au bout de quelques jours un amaigrissement et un affaiblissement avec une baisse de température qui aboutit à la mort. Curieusement cet effet cesse, si l'on remet la volaille à une nourriture normale. Ne doutant plus de l'agent qui produit une action sur le métabolisme animal, Duhamel de Monceau vérifie que les os teints présentent bien les mêmes qualités de solidité dans leur couleur que les toiles peintes. Ces expériences cependant ne confirment pas pour autant les qualités thérapeutiques de la garance. Bien au contraire le principe colorant rend les os certes " plus gros ", mais aussi " plus spongieux, d'un tissu moins serré et plus aisé à rompre "[15].

Mais quelles conséquences exactes peut-on tirer de faits aussi vagues et de rapports aussi inexacts en faveur des propriétés médicales de cette rubiacée ?[16] C'est une question à laquelle le médecin Cullen, en Angleterre, va tenter de répondre dans les dernières années du XVIIIe siècle. Ayant remarqué que la coloration ne se produit pas uniquement sur les os mais qu'elle se retrouve également dans le lait et l'urine des animaux, il a conclu " qu'il entre une grande quantité de cette matière colorante dans le sang, et qu'elle se distribue dans une grande partie du système ". A première vue ceci semble un aspect plutôt favorable. Cependant, la toxicité de la garance l'incite à émettre des doutes envers cette action médicinale. " Je ne vois pas que ces vertus aient été jusqu'ici confirmées, et les désordres considérables que cette racine produit chez les animaux auxquels on en fait manger, doivent faire douter qu'elle puisse avoir en général une tendance salutaire "[17].

Faut-il s'étonner dès lors si, en 1826, deux pharmaciens, Colin et Robiquet, vont chercher et réussir à isoler les principes colorants de la garance qu'ils nommeront alizarine[18], non pour ses propriétés médicamenteuses mais dans l'espoir d'obtenir le prix lancé par la Société industrielle de Mulhouse qui proposait " de récompenser le chercheur qui aurait réussi à isoler le colorant de la garance et à le rendre commercial "[19].

15. *Histoire de l'Académie des sciences*, 1739, 28.

16. Panckoucke, *Flore médicinale*, Paris, 1817, 23.

17. W. Cullen, *Cours de matière médicale*, traduit de l'anglais par M. Caullet de Veaumorel, Paris, Didot, 1787, t. I, 424.

18. Colin et Robiquet, " Nouvelles recherches sur la matière colorante de la garance ", *Annales de chimie*, n° 34, 2e série, 1827, 225-253.

19. Ecole supérieure de chimie de Mulhouse, *Recherches et travaux des professeurs et des anciens élèves*, 1822-1972, 14. En fait, la méthode d'extraction proposée n'ayant pas d'assez bon rendement pour " rendre le produit commercial ", c'est Houton Labillardière qui obtiendra le prix.

FORMULER, APPLIQUER DES PRÉOCCUPATIONS IDENTIQUES
POUR LES APOTHICAIRES ET LES TEINTURIERS

Malgré ces recherches scientifiques, le teinturier comme l'apothicaire procède encore au début du XIXᵉ siècle à l'aide de recettes et de modes d'emploi. Une fois les différents ingrédients ou produits de base choisis et contrôlés, la mise en oeuvre du procédé se déroule selon un rituel quasi immuable avec des codifications et des essais de normalisation souvent propres à chaque atelier ou laboratoire.

Le dernier exemple présenté ici indique bien le désir de protéger les secrets de fabrication.

LES FALSIFICATIONS DE LA GARANCE

Néanmoins les altérations de la garance sont un souci majeur pour les teinturiers soucieux de la bonne qualité du produit. Ces altérations sont en fait de plusieurs sortes, les plus simples émanant de négligences au niveau de la fabrication.

Il est possible d'imaginer une façon de frauder pour le cultivateur : temps de séchage trop court, battage imparfait d'où des racines très petites donc très jeunes ne donnant que peu de colorant, ou bien mailles du tamis peu serrées donc un billon contenant beaucoup de terre, mouture de la partie extérieure de la racine etc.

La fraude par contre est tout à fait délibérée lors des adjonctions de produits parasites, telles que :

- des substances minérales de même couleur que la poudre (sable, brique pilée),
- des substances organiques (poudre de bois, campêche, sappan, acajou, son des farines, sumac, quercitron).

Curieusement ce sont les pharmaciens qui conseillent des procédés permettant de détecter la fraude. Les méthodes d'analyse pour détecter les substances étrangères proposent en effet des tests de colorimétrie et d'incinération.

Dans son *Officine de pharmacie pratique*, Dorvault[20] mentionne, en 1872, le procédé de Herland de Brest permettant de reconnaître dans une garance 5 à 6 % de bois étrangers (voir annexe n°2).

La mention de ce procédé est reprise dans le livre de Dorvault de 1940, et bien étonnamment dans le *Formulaire pharmaceutique* de 1965[21].

---

20. Dorvault, *L'officine de pharmacie pratique*, Paris, 1872, 1101.
21. J. Leclerc, *Formulaire pharmaceutique avec un abrégé de pharmacie homéopathique, de pharmacie vétérinaire et de phytopharmacie*, Paris, 1965.

Dans son *Mémoire sur l'altération frauduleuse de la garance*[22], Fabre, pharmacien-chimiste à Arles, après avoir indiqué les différentes fraudes possibles minérales, végétales, quantitatives, affirme " Contrairement à l'opinion unanimement émise par tous les chimistes qui ont écrit sur cette question, je viens appuyé sur des expériences concluantes, affirmer que la falsification des garances et garancines par les substances empruntées au règne végétal est facile à découvrir et à constater qualitativement, et que l'analyse chimique est le seul et véritable moyen d'obtenir ce résultat ".

Donc, d'après Fabre, l'analyse chimique est, dans les années 1860, le seul moyen de détecter l'altération. L'utilisation de ces tests s'applique uniquement à la teinture ; nulle part il n'est question de thérapeutique. La méthode qu'il propose doit en effet permettre à une personne non chimiste de faire l'analyse d'un mélange à l'aide de nombreux réactifs.

Il est bien évident que ces substances étrangères et inconnues du maître teinturier étaient désastreuses pour le garançage. Après tous ces abus l'usage se répandit de payer la poudre de garance après les essais en teinture.

Les recherches concernant des procédés fiables pour distinguer le principe actif pur des produits parasites ont accéléré les recherches pour isoler et purifier le principe actif.

LA GARANCE LEADER, UNE INCITATION À LA RECHERCHE

Le relevé des articles parus dans deux revues techniques comme le *Technologiste* et le *Bulletin de la Société Industrielle de Mulhouse* dans la première moitié du XIXe siècle souligne la place particulière de leader occupée par la garance (voir annexe n° 3). Il est donc normal que l'importance de cette plante ait suscité des recherches qui vont s'orienter dans d'autres directions que la seule analyse chimique.

Vers la physiologie animale

Après les recherches de Duhamel du Monceau sur les pigeons, l'étude de l'effet de la garance sur les os va se poursuivre. Dans le *Dictionnaire des drogues* en 1827[23], Gibson prétend que la coloration des os est à la fois proportionnelle au temps d'ingestion, à l'âge des pigeons (plus ils sont jeunes plus la coloration est rapide) et à la proximité de l'os par rapport au coeur. De même dans le *Nouveau traité des plantes usuelles* spécialement appliqué à la médecine (1837), Joseph Roques note cette observation étrange : l'alternance de 15

22. M.D. Fabre, *Mémoire sur l'altération frauduleuse de la garance,* 1861.

23. A. Chevallier et A. Richard, *Dictionnaire des drogues simples et composées ou Dictionnaire d'histoire naturelle médicale de pharmacologie et de chimie pharmaceutique*, Paris, 1827.

jours de nourriture de fourrage avec la garance et 15 jours sans garance, produit des cercles concentriques rouges et blancs sur les os.

Vers la localisation et la formation du principe colorant, les expériences de Decaisne

Dans son *Anatomie et physiologie de la garance* en 1837, Decaisne (aide naturaliste au Muséum de Paris) rend compte d'expériences démontrant l'action et la localisation du principe actif de la garance. Il veut vérifier l'affirmation de M. de Gasparin concernant la coloration en rouge des os des animaux nourris avec des tiges de garance garnies de feuilles.

Les expériences sont faites par son frère, le docteur Decaisne " dans le but de constater [la véracité de ces hypothèses] au moyen d'expériences rigoureuses ".

Dans une première série sur un lot de douze lapins, 6 sont nourris exclusivement avec la partie supérieure des tiges de garance et les feuilles, la mort survient entre 4 et 8 jours, et il n'y a pas de coloration des os ni des urines.

Dans une deuxième série sur un lot de 6 lapins nourris avec les racines exclusivement (ils observèrent un jeûne avant de se décider à manger les racines), les animaux présentent des urines colorées en rouge, les os sont de couleur rose pâle. Les lapins sacrifiés à 8 jours d'intervalle ont tous ces caractéristiques. La mort intervient pour les derniers lapins. Ces résultats infirment donc les affirmations de Gasparin. En fait en arrachant les fourrages, une petite partie de racines s'est trouvée mélangée aux feuilles, ce qui permet à Decaisne de conclure que le principe colorant est bien dans la racine.

Mais il va plus loin. Grâce à des observations au microscope des différentes parties de la plante, et en faisant varier différents paramètres (humidité, lumière, emplacement, âge), il conclut en effet que le principe colorant est dû à une oxydation de la matière verte des tiges qui dans l'obscurité (tiges enfouies dans la terre), sont privées de la photosynthèse et par conséquent absorbent l'oxygène au lieu du gaz carbonique. Ainsi la matière verte subit une première oxydation qui la rend jaune, puis une seconde oxydation par action de l'air révèle la couleur rouge.

Il localise enfin le principe actif dans le tissu cellulaire principalement et un peu moins, par épanchement, dans le tissu vasculaire.

LA GARANCE AUJOURD'HUI

Un texte sur la garance du début du XXe siècle de Henri Leclerc[24] vice-président de la Société de thérapeutique réaffirme qu'elle n'exerce aucune action

---

24. H. Leclerc, " Les vieilles panacées ", *Bulletin des sciences pharmacologiques*, octobre 1933, t. XL, 545.

curative sur les affections du système osseux, par contre il propose un traitement pour améliorer la diurèse. L'amertume et l'astringence de l'apozème est telle qu'il donne une autre posologie par cachet.

Le *Traité de phytothérapie* de Jean Valnet de 1992[25] donne quelques autres indications (insuffisance biliaire, constipation, oliguries, excès d'urée, lithiase urinaire, arthritisme, albuminurie, rachitisme).

Dans le laboratoire Lehning la racine de garance n'est pas commercialisée, telle quelle, elle l'est sous forme d'une teinture mère et de complexes homéopathiques. Le " Rexorubia " et l'" Urarthone " contiennent de la teinture mère de garance entre autres composants avec une indication de reminéralisant et de traitement contre le rachitisme mais à doses homéopathiques, procédé médical qui, ayant la vertu de soigner selon la loi des contraires, n'est pas, par conséquent, en désaccord avec les assertions des précédents auteurs sur le rôle néfaste de la décoction de garance sur les os.

CONCLUSION

La garance de l'Antiquité jusqu'au XVIIIe siècle a été l'objet de convoitises, d'erreurs et d'une utilisation routinière. Au milieu du XIXe siècle, elle connaît son plus grand essor : culture, traitement, purification, et elle devient le centre de nombreuses polémiques pour l'obtention du plus beau rouge. Elle est omniprésente dans les préoccupations économiques en France et en Angleterre. Elle devient le moteur de bien des recherches de procédés ; ses applications thérapeutiques deviennent anecdotiques. Grâce aux encouragements divers (prix, médailles), elle permet de poser les bases de la chimie moderne qui focalisent la recherche pour les applications en teinture. Elle résistera en vain à l'introduction de l'alizarine synthétique à la fin du XIXe siècle.

Malgré cette place privilégiée dans l'innovation scientifique réclamée par l'usage attendu, elle garde dans ses applications la même démarche liée aux recettes, un rouge d'Andrinople en garance ou en alizarine de synthèse procède d'une mise en oeuvre similaire, une tisane anti-strumeuse de Cadet de Gassicourt et celle diurétique de Valnet sont bien identiques. Le paradoxe de cette garance réside bien là : une recherche avancée et un savoir-faire basé sur l'appréciation humaine.

BIBLIOGRAPHIE

Bulliard P., *Herbier de France*, 1780.
Cadet de Gassicourt, *Formulaire magistral,* 7e éd., Paris, 1833.
Cardon Dominique, *Guide des teintures naturelles*, 1990.

25. J. Valnet, *Phytothérapie, traitement des maladies par les plantes*, 6e éd., Maloine, Paris, 1992, 351.

Chaumeton, Chaumeret et Poiret, Paris, 1817 et éd. suivante 1823, t. IV.

Chevallier A. et Richard A., *Dictionnaire des drogues simples et composées ou Dictionnaire d'histoire naturelle médicale de pharmacologie et de chimie pharmaceutique*, Paris, 1827.

Chomel, *Les plantes usuelles*, nouvelle éd. 1715.

Decaisne J., *Recherches anatomiques et physiologiques sur la garance*, Bruxelles, 1837.

Dillemann G., *Produits et problèmes pharmaceutiques*, vol. 22, juillet-août 1968.

Dorvault, *L'officine de pharmacie pratique*, Paris, 1872.

Fabre M.D., *Mémoire sur l'altération frauduleuse de la garance*, 1861.

Homassel, *Cours théorique et pratique sur l'art de la teinture*, 1818.

Lémery Nicolas, *Pharmacopée universelle contenant toutes les compositions de pharmacie qui sont en usage en médecine*, 5e éd., Paris, 1761.

Masclef A., *Atlas des plantes de France*, 1891.

Persoz J., *Traité théorique et pratique de l'impression sur tissus*, 1846.

Privat-Deschanel et Focillon, *Dictionnaire général des Sciences théoriques et appliquées*, 1869.

Todericiu Doru, *Constitution de la chimie des colorants*, 1984, thèse 2.

Valnet Jean, *Phytothérapie, traitement des maladies par les plantes*, 6e éd., Maloine, Paris, 1992.

ANNEXE 1

Production de garance en France de 1790 à 1862

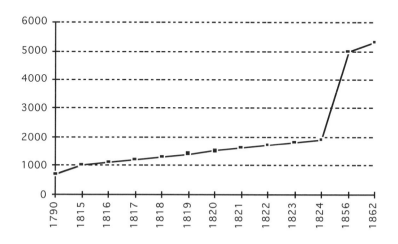

Annexe 2

Test de colorimétrie pour reconnaître les bois étrangers dans une garance

1. Un échantillon moyen de 4 à 5 kg de garance à essayer est porté à ébullition pendant 10 minutes avec 100 g d'eau distillée additionnée de 8 à 10 gouttes d'ammoniaque pure.

2. Dans la liqueur filtrée on verse goutte à goutte une solution très étendue d'acide sulfurique jusqu'à ce que la couleur violette soit remplacée par une teinte variant du jaune clair au jaune brun.

3. On verse dans le liquide décoloré quelques gouttes de protochlorure d'étain.

Résultats :

Si la garance est pure pas de changement dans l'aspect et la couleur de la liqueur.

Si présence d'un bois coloré, on observe la formation d'un précipité gélatineux dont la nuance varie avec la proportion du corps ajouté.

Précipité rose si le bois de Brésil domine.

Précipité violet si le bois de campêche domine.

Précipité rouge brique avec le bois de santal.

Annexe 3

Répartition des 50 articles concernant l'impression et la teinture dans la revue Le Technologiste de 1840 à 1850

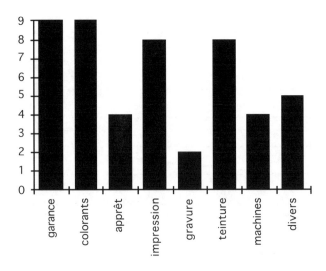

Répartition des 26 articles concernant l'impression et la teinture dans le Bulletin de la Société Industrielle de Mulhouse de 1829 à 1850

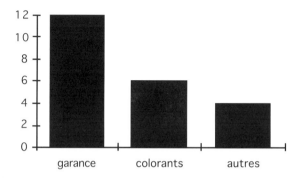

MEDICINAL AND COSMETIC USES OF INDIGO WORLDWIDE AND THEIR LINKAGE WITH INDIGO AS A DYESTUFF

Jenny BALFOUR-PAUL

For over four millennia indigo's use has by no means been confined solely to that of a textile dye. It has played a part in various subsidiary ways, many closely related to its medicinal functions. The roots of a community's beliefs in indigo, handed down as oral tradition, are difficult to dig up. They have, though, arisen from several sources : awe of the antiquity and chemical transformations unique to the vat dyeing processes, indigo's apparent healing properties, and its unique quality and depth of colour. All these aspects combined to give it a special role in ceremonial textiles, painting and paper dyeing, and traditional medicine. Such aspects as cosmetics, tattooing, hair dye etc. have all been bound up in general beliefs in indigo's overall potency.

DIRECT MEDICINAL USES OF INDIGO THROUGHOUT HISTORY

The consensus in almost every culture attaching to herbal medicines, particularly those that double as dyestuffs, is complex. Belief in their effectiveness may be the main aid to healing. Indigo is a mysterious substance considered by some people as blue, and by others as deep purple or " black ". Its healing properties probably relate both to the fact that it is a " cool " and " magical " colour, a clear case of sympathetic medicine, as well as to some element of toxicity in its substance. What is notable is that despite the local nature of folk medicine, the same beliefs in the natural efficacy of indigo have spanned the continents.

Faith in the healing power of colour is ancient. We must bear in mind that in the past colour was not an abstract concept but was defined by its source in nature. According to one study on colour an Egyptian papyrus of 1550 BC listed, among other " coloured " cures : " white oil, red lead, testicles of a black ass, black lizards, indigo and verdigris "[1]. The scarcity of blue in the nat-

---

1. H. Varley, *Colour*, London, 1980, 46.

ural world, and the difficulty of producing it as a dye, would have enhanced its
mystery. A complex symbolism relating to colour is manifest in many
religions ; indigo has been a colour representing mysterious forces, both good
and evil, hence the protective function of blue amulets in the Arab world[2]. In
Indonesia textile colours have embodied potent meanings and links with life's
cycles, including death and regeneration. On the island of Sumba a body of
occult knowledge known as " blueness " refers to indigo's relationship with
secret and powerful rituals, including witchcraft. A woman there who has mas-
tered the art of indigo dyeing may also qualify as a midwife and herbal healer,
being referred to literally as a " person who applies blueness ". This aspect is
explored in an illuminating essay by Hoskins called " Why Do Ladies Sing the
Blues ? "[3]

So much for the power of colour — what about the actual toxicity of
dyestuffs ? This too is an elusive matter. At present chemists and pharmacists
are not able to explain why the chemicals present in indigo and various other
dyestuffs seem to have some genuine medicinal effect, but accept that this may
be so. Although indigo is certainly not among the world's most notable medicinal plants, the fact that it has featured in traditional medicine is not so surprising when one questions the function in nature of substances used as dyes.
Chemical constituents are not present in certain dye plants and dye insects in
order to furnish mankind with colouring matter, but may exist to protect the
plant or insect and repel predators. In some the colour itself may be of importance[4], but the function of a colourless plant component like indican, indigo's
precursor, which requires a chemical conversion to become a coloured dye,
remains a matter for speculation. It is, though, perfectly feasible that the chemicals in dye plants and dye insects that man has exploited for their colour
should also have some genuine medical properties which in future will be better understood.

Throughout history the list of ailments indigo has been reputed to cure is
extensive, mostly based on its apparent antiseptic and astringent properties,
although it was also said to prevent or cure nervous afflictions such as hysteria,
epilepsy and depression. All parts of the plant have been used — crushed
leaves, dye pigment, root and seeds. They have been mixed into unlikely con-
coctions with all sorts of substances including goat hair, egg white, castor oil,
fat, polenta and pepper, and applied externally as well as consumed orally. On
the whole indigo has been used as a coolant rather than for ailments connected
with blood (madder for example, was used by women who had trouble with

2. Jenny Balfour-Paul, *Indigo in the Arab World,* London, 1997, 156-157.

3. Janet Hoskins, 1989, " Why do Ladies Sing the Blues ? ", Annette B. Weiner and Jane
Schneider (eds), *Cloth and Human Experience*, Washington DC, 141-173.

4. R.H.M.J. Lemmens and N. Wulijarni-Soetjipto (eds), *Plant Resources of South-East Asia
No.3 : Dye and Tannin-producing Plants*, Wageningen : Pudoc, Prosea, 1991, 32.

menstruation), which brings one back to the question of colour and sympathetic medicine.

Medicinal uses of indigo and woad go back a long way, in both East and West, being recorded in the first centuries AD in India and China as well as in Ancient Greece and Rome. Hippocrates in the fourth century BC suggests a woad treatment for ulcers, and in the first century AD Pliny[5] and Galen refer to woad's healing powers, as does Dioscorides, who also mentions indigo in his seminal *Materia Medica*[6]. The early (from eighth century) Arabic *materia medica* which preserved and overtook the Greek and Latin antecedents on which they were based, frequently emphasise the antiseptic and numerous other medicinal uses for indigo, both applied externally and taken internally. Arab physicians took a more holistic approach to medicine than is the practice today. The ability to diagnose required a familiarity with philosophy, dietetics, mathematics and pharmacy. The practice of pharmacy as a profession was making great advances.

The thirteenth century botanist, Ibn el-Baytar, who collected plants throughout the Arab world and collated his own observations with those of his predecessors (including Dioscorides, Avicenna and al-Razi) in his great pharmacopoeia, the *Traité des Simples*, lists a long string of uses for indigo and woad. After stating that indigo has a cooling effect, he notes that it soothes all tumours and abscesses, and that a weak solution dissolved in water and taken internally lessens not only pain but even sexual desire. Its cooling qualities help to cure violent coughs of the " hot " variety, lung complaints and all manner of skin conditions, including burns. He quotes one author who suggests that Indian or Kirman indigo, when added to a rose conserve, will check both stupidity and sadness : the same quoted author recommends a concoction of indigo, lead monoxide, pepper, rose oil and wax to calm palpitations, and a lotion of indigo, plantain oil and honey for gangrene[7]. Other Arab authors of the period list similar properties in less detail.

From the eleventh century much of the Islamic corpus of scientific literature (and the Classical knowledge it had preserved) was transmitted to Europe through Islamic Spain, often translated there by Jews fluent in Arabic and Latin. Knowledge then spread via early printed books. The resulting European interest in medicinal plants was reflected in monastic gardens. European herbalists often quoted Dioscorides and tended, like their Arabic predecessors, to copy from one another. This was the case when citing, often in lurid terms, the wide-ranging properties of woad, both the cultivated *glastum sativum* and the

5. *Historia Naturalis*, Liber XXXV, Sect. XXVII, (46).

6. Dioscorides, *Materia Medica*, Book II, chaps. 107 (indigo), 215 (woad). And see Jamieson B. Hurry, *The Woad Plant and its Dye*, London, 1930, (reprint, New Jersey, Clifton, 1973), 249-253.

7. Ibn el-Baytar, " Traité des Simples ", vol. 23, pt. 1, vol. 25, pt. 1 and vol. 26, pt. 1 of N.L. Leclerc, 187-183, *Notices et Extraits des Manuscrits de la Bibliothèque Nationale*, Paris.

wild *glastum sylvestre*. De l'Obels's illustrated *Stirpium Historia* of 1576, for example, quotes both Dioscorides and Galen to inform us that woad leaves check haemorrhages, attacks of St Anthony's Fire (*ignem sacrum*), gangrene, and putrid ulcers[8]. Similarly, Salmon's *English Herbal* of 1710 graphically describes the various methods of administering woad to cure such ailments[9].

The benefits of taking woad internally were disputed. Gerarde's famous *Herball* of 1597 recommends drinking a decoction of woad, the garden variety being " drie without sharpnesse ", for " such as have any stopping or hardness in the milt or spleen "[10]. However, half a century later Culpeper cautions against the after-effects of taking woad internally[11]. Given the apparent chemical potency of indigo it is not surprising that it would be toxic if taken internally in excessive amounts, and recent scientific research has confirmed the toxicity of some *Indigofera* species[12]. Even animals suffered from eating some species of *Indigofera*, though others were used as fodder. The toxicity of small quantities taken internally may, though, have been beneficial according to homeopathic principles. Clearly in the nineteenth century doctors were still at odds about its effects on the system[13]. A pamphlet on indigo in India recommends the root of one species of indigo boiled in milk as an antidote for poison[14], while Mrs Grieve in her *Modern Herbal* (of 1931) notes that although indigo is common in medicine " it is said to produce nausea and vomiting "[15]. Many other sources on Asian and African economic plants warn against overdosing on indigo[16].

Until the present day the use of indigo to treat burns, insect and snake bites, fever and stomach disorders, has continued, especially in the Far East, India, the Middle East and parts of Africa. The medicinal qualities of indigo were also appreciated in Central and South America both before and after the Spanish conquest. A Mexican compendium dating from Francisco Hernandez, physician and botanist appointed by Philip II to study the natural history of Mexico in the 1570s, and continuing into the twentieth century, agrees that

8. M. de L'Obel, *Stirpium Historia*, 1576, 189-191.

9. W. Salmon, *The English Herbal*, 1710, 1272 (quoted in Hurry, 1930, 245-246).

10. J. Gerarde, *The Herball*, 1597, 394-395.

11. N. Culpeper, *Complete Herbal and English Physician*, Manchester, 1826 (facsimile, Harvey Sales, 1981), 200.

12. Dominique Cardon and Gaëtan du Chatenet, *Guide des teintures naturelles*, Paris, 1990, 146.

13. Henry Phillips, *History of Cultivated Vegetables*, vol. 1, London, 1822, 293.

14. George Watt (ed.), *A Dictionary of the Economic Products of India*,vol. 4, London, 1885-1894, 2-4. See also K.R. Kirtakar and B.D. Basu, *Indian Medicinal Plants*, vol. 1, Delhi, 1918, 707-717.

15. Mrs. M. Grieve, *A Modern Herbal*, Harmondsworth, 1984 (reprint), 432.

16. *e.g.*, I.H. Burkill, *A Dictionary of the Economic Products of the Malay Peninsula*, vol. 2 (I-Z), London, 1935, 1237 ; and John Mitchell Watt and Maria Gerdina Breyer-Brandwijk, *The Medicinal and Poisonous Plants of Southern and Eastern Africa*, Edinburgh and London, 1962, 611-613.

indigo could be used as a purgative, and to calm all kinds of stomach disorders. It could also control nervous disorders, particularly epilepsy, and the Brazilians believed it alleviated snake bites[17].

In countries in the southern Arabian peninsula in the late 1980s both men and women, often Bedouin isolated from modern medicine, were still anointing themselves and their offspring with extracts of wild or commercial plant indigo[18]. For this reason dyers were selling dyestuff alongside dyed cloth. Among the Omani Bedouin, indigo was such a useful panacea it earned it the nickname *haras*, " the guardian "[19]. Indigo paste was rubbed onto a child's wrist, elbow, or forehead to cool a fever, as it was in Mexico[20]. It was also smeared onto a new born baby's navel, or even the entire body, and sometimes applied around a baby's eyes " for good luck ". This could have been a sound prophylactic precaution, since indigo has been used since Classical times to soothe eye ailments, and recent Chinese research has indeed shown indigo root extract to be an effective treatment for conjunctivitis and trachoma[21].

Beliefs linking indigo with female fertility are common to many cultures, springing from a tangled web of associations : awe of the " living ", erratic qualities of an organic indigo dye vat, its rather rank smell, the various ritual uses of the dyed cloth, and indigo's medicinal aspects, including its use as an antidote to various sexually transmitted diseases. Diseases of this type were treated with a solution of indigo in Mexico[22], while in East Africa (where indigo leaf juice was used to purge all manner of other disorders) they were treated with the root of *Indigofera tinctoria*[23]. In the former indigo-growing oases of Upper Egypt in the 1980s a few men were even planting indigo on their land to provide indigo juice for traditional fertility rituals[24]. As elsewhere in the world strange beliefs were prevalent based on a conviction that the fertility of an indigo vat could vie with a woman's fertility, or *vice versa*. In northern Zimbabwe a case was recorded of a woman who died when root scrapings of indigo were inserted into her vagina as a cure for sterility, yet among the Hausa of Nigeria indigo extract was recommended as a contraceptive and abortifacient[25].

17. Maximino Martinez, n.d., *Las Plantas Medicinales de Mexico*, Mexico : 38-41 ; and *Nuevo Farmacopea Mexicano*, Mexico, 1952 (sixth edn), 66-67.

18. Writer's fieldwork, 1980s. In North Africa indigo has also been used medicinally, but there it is henna above all that has provided the cure-all, with prophylactic and magical properties.

19. Balfour-Paul, *op. cit.*, 161-162.

20. Martinez, *op. cit.*, 38.

21. Hson-Mon Chang and Paul Pui-Hay But, *Pharmacology and Applications of Chinese Materia Medica*, vol. 1, Singapore, 1986, 715.

22. *Nuevo Farmacopea Mexicana*, *op. cit.*, 66-67 ; and Martinez, *op. cit.*, 39.

23. Watt and Breyer-Brandwijk, *op. cit.*, 611-613.

24. Balfour-Paul, *op. cit.*, 161.

25. See under *Shuni* in G.P. Bargery, *A Hausa-English Dictionary*, London, 1931.

In parts of Southeast Asia, indigo and female fertility were also closely connected. On the Indonesian island of Sumba, in the words of one researcher, " the art of traditional [indigo] dyeing is merged with the production of herbal medicines, poisons, abortifacients and fertility potions ". Indeed, the same ingredients as were needed to keep the dye vat healthy were also administered to a woman after childbirth to control bleeding, and one ingredient, lime, was considered, unlike indigo itself, to be " male ". A shared vocabulary has often been used to describe both problems of dyeing and those related to fertility and childbirth[26].

In Nigeria even horses and donkeys were treated for stomach problems with a solution of indigo administered via the nostrils[27]. An Indian dyer from Jaiselmeer in the desert region of Rajasthan in the early 1990s had a bag of large tablets made from indigo sediment collected from the base of his dye vat. These were said to help keep camels cool when administered during the hot season[28].

INDIGO-DYED CLOTHING AS PROPHYLACTIC

Beliefs in the antiseptic and repellent properties of indigo (as well as its more symbolic aspects) have extended to the wearing of indigo-dyed clothing for protection. This is the case in many countries and may also relate to the lingering ammonia-like smell which emanates from newly dyed indigo cloth. The surface rub-off from new cloth, an undesirable property to the Western way of thinking, has been considered a positive asset in other cultures, both for medical and for status reasons.

Farming communities of China, Japan and other parts of Asia generally held that indigo-dyed clothing would repel snakes and insects lurking in the rice paddies[29]. In rural Japan in the 1950s washing lines festooned with indigo-blue babies' nappies were still a common sight. Similarly in the 1980s some Yemeni babies were still being dressed in indigo-dyed tunics because of their antiseptic qualities[30].

The dramatic indigo-dyed turban has had its medicinal and cosmetic aspect. It was thought to prevent and relieve headaches, as well as protecting the wearer from capricious spirits. Headaches were also relieved with other uses of indigo, including inhalations of smoke from burning its roots in Lesotho[31]. For centuries the blue robes, and especially the shiny indigo-dyed turban, of

26. Hoskins, *op. cit.*, 142-152, 170.

27. Bargery, *op. cit.*

28. Writer's fieldwork in N-W India, 1994.

29. Writer's fieldwork in China and Japan, 1993 ; and see, for example, J. and N. Tomita, *Japanese Ikat Weaving*, London, 1982, 70-71.

30. Writer's fieldwork, 1983 and 1989.

31. Watt and Breyer-Brandwijk, *op. cit.*, 612.

the northwestern Saharan " blue " men have protected them from the harshness of the desert climate[32]. The blue staining of the hands and face that resulted both had cosmetic value and became a symbol of tribal identity. Similarly for many Middle Eastern women the shiny indigo-dyed mask was considered generally protective, the consequent rub-off of dye on to the skin being positively welcomed[33].

In many West African countries people have believed that certain kinds of cloth, or cloth with particular designs, had intrinsic curative or protective properties. In the markets of Nigeria bits of cloth, some indigo-dyed, could even be found alongside other strange substances on sale on traditional medicine stalls[34].

Closely linked with medicine is indigo's use for bodily adornment, whether for cosmetics, for tattooing or for dyeing head and facial hair. Here again the aesthetically desirable was underpinned by both practical and mystical beliefs.

COSMETICS

The comic image of Ancient Britons prancing around in woad-painted faces to frighten off the enemy is well known. As the Romans dubbed the inhabitants they encountered across the Channel " Picti ", *i.e.* " painted men ", Britons probably used some coloured substance as facial or body paint or even for tattoos. We do now at least have archaeo-botanical evidence of the existence of woad in Britain by the time of Pliny and Julius Caesar, but the widely accepted translations of the Latin terms *vitrum* and *glastum* as woad[35] are still open to doubt[36]. One day chemical analysis of skin remains from ancient burials may be able to provide scientific proof one way or the other.

Whatever the case of the Ancient Britons, in other parts of the world indigo has indeed frequently been rubbed on the body, for decoration, for medicinal reasons, or for a combination of the two, as in tattooing.

Indigo has been used in cosmetics since the time of Pliny, in both east and west, although reds from minerals or plants like henna were far more common. In Central America, where indigo was famously used as ceramic paint, it was among colours employed by the Mayas and Aztecs to beautify both face and

32. Balfour-Paul, *op. cit.*, 151-153.

33. *Ibid.*, 140-142.

34. Venice Lamb and Judy Holmes, *Nigerian Weaving*, Hertingfordbury : Roxford Books, 1980, 254-255.

35. Julius Caesar, *Commentarii de bello Gallico*, Liber V, XIV (2) ; and Pliny, *Historia naturalis*, XXII, II.

36. See F.B. Pyatt, E.H. Beaumont, D. Lacy, J.R. Magilton and P.C. Buckland, " Non Isatis Sed Vitrum or, The Colour of Lindow Man ", *Oxford Journal of Archaeology*, 10 (1) (1991), 61-73 ; M. Van der Veen, A. Hall and J. May, " Woad and the Britons Painted Blue ", *Oxford Journal of Archaeology*, 12 (1993), 367-371.

body[37]. Generally the crushed pigment was mixed with a chalky substance, but sometimes stranger methods were used, as described by two travellers in central Africa in the early nineteenth century[38].

In many parts of the Arab world both men and women have considered indigo decorative and good for the complexion. In the 1980s it was still being used as a facial bleach and to remove freckles, as well as for tingeing the face blue for special occasions such as festivals and weddings[39]. It was also applied in decorative patterns to the face, hands and feet, like henna, and indeed was sometimes called " black henna ", or " blue henna "[40], when the two herbs were combined to make a dye also used for the hair. A trademark of the Yemeni tribesman, noted by most travellers to the area, was his habit of smearing his body with indigo mixed with an emollient such as sesame oil ; this provided protection against extremes of climate and repelled insects, but also became a symbol of virility[41].

In an ironic reversal, considering the long-standing jokes about the Ancient Britons, a new woad ingredient is now becoming chic. Top French cosmetic houses are currently trying out woad seed oil (woad seeds have around 30% oil content) to produce an " eco-friendly " cosmetic base. And there is even a perfume on the market labelled " Ysatis " : *Plus ça change* ?

TATTOOS

Indigo has proved an ideal substance for staining tattoos, given its supposed antiseptic qualities and the symbolism of the colour blue, noted above. It has been used more frequently for tattooing than for body paint.

The origins of tattooing and scarification, which span the continents, are obscure, but may stem from a primarily medical function dating back to prehistory. The effect on the body is permanent, validated by the physical pain involved in the process. Evidence exists of tattooing in prehistoric America[42]. In Egypt the disembalmed body of a woman of Thebes who lived five thousand years ago shows traces of scarification, stained white and blue, on her abdomen ; their configuration suggests a medical, rather than an ornamental, purpose[43]. The Copts and Muslims, but particularly the former, continued to

37. Justine M. Cordwell, " The Very Human Arts of Transformation " in Justine M. Cordwell and Ronald A. Schwartz, *The Fabrics of Culture*, The Hague, 1979, 68-70.

38. D. Denham and H. Clapperton, *Narrative of Travels and Discoveries in Central Africa in the Years 1822, 1823 and 1824*, London, 1826, Sect. II, 61.

39. Balfour-Paul, *op. cit.*, 162-165.

40. Freya Stark, *A Winter in Arabia*, London, 1940, (indexed version), 58.

41. See Balfour-Paul, *op. cit.*, 162-165 for further references.

42. Cordwell, *op. cit.*, 58.

43. Dr. Fouquet, " Le Tatouage Médical en Egypte dans l'Antiquité ", *Archives d'Anthropologie Criminelle* XIII (1899), 270-279 and figs 1-25.

use tattooing in medicine. Children were tattooed as a prophylactic precaution (*e.g.* on the temples against migraine) and to cure all sorts of afflictions, including bone disorders. Although other plants with antiseptic qualities were also used, indigo was popular[44], particularly in poorer areas, as recorded by one traveller in Egypt at the end of the nineteenth century[45].

Tattooing with indigo was common in other parts of Arabia and Africa too, often recorded by European travellers[46], and even in the 1990s some Bedouin still had blue tattoos. As well as indigo, other substances used included antimony (kohl), gall-nuts, soot and even pulverised gunpowder. In the past the professional practitioner, like the medicine man or woman, had a mystical status. Tattoo designs, which often resembled those found on tribal rugs, had specific functions ; some served as preventative medicine while others were talismanic, often acting to deflect the evil eye[47].

In sub-Saharan Africa it was, for obvious reasons, those with lighter skins who could proudly display indigo-dyed tattoos, while cicatrization, which produced permanent raised scars, was used by people with the darkest skin. Some people though, like the lighter skinned Sokoto Fulani of north-western Nigeria, deliberately rubbed indigo into their wounds to produce blue facial scarification. To the south-east the Tiv people of Benue rubbed charcoal or indigo into newly cicatrised wounds[48].

For centuries tattooing was also practised in the East. Ralph Fitch, an English merchant travelling in Burma in the 1580s, noted that indigo blue tattoos were a mark of the aristocracy[49]. More recently indigo tattoos were also favoured by one minority group of southern China[50].

On the Indonesian island of Sumba tattooing, which was allied to circumcision, has now died out, but in the 1980s most women over fifty had tattooed bodies. Elaborate indigo-coloured tattoos were reserved for mature women who had acquired the related skills needed to regulate (as healers and midwives) both the health of women and the " fertility " of an indigo dye bath[51].

44. *Ibid.*

45. Edward William Lane, *An Account of the Manners and Customs of the Modern Egyptians*, London, 1895, 48-49.

46. *e.g.* See the *Naval Intelligence Geographical Handbook — Western Arabia and the Red Sea*, June 1946, 418.

47. J. Herber, " Tatoueuses Marocaines ", *Hespéris*, vol. 35, Paris, 1948, 289-297.

48. Cordwell, *op. cit.,* 58-60 ; and Paul Bohannan, " Beauty and Scarification amongst the Tiv ", *Man,* Sept. (1965), 118.

49. William Foster (ed.), *Early Travels in India, 1583-1619*, New Delhi, 1968 (reprint), 40.

50. Mattiebelle Gittinger, " Sier en Symbool ", in *OEI* (1985), 163.

51. Hoskins, *op. cit.,* 143-144, 162-165.

HAIR AND BEARDS

Once again the colour and lustre of indigo combined with its apparent anti-septic action has given it a dual attraction. It is not known which people first dyed their hair with woad or indigo but it is has been suggested that Ovid may have been referring to the practice among early Germanic Teutons[52]. Whatever the original reasons for adopting indigo hair dye it has featured in the ritual uses of hairdressing to transform the appearance and indicate social status. A priest in Mexico noted the pre-Hispanic custom among indigenous women to dye their hair with black mud and " with indigo so that their hair shone "[53]. Indigo is still used for this purpose in parts of Africa and southern Asia.

In early Islam the custom of dyeing hair and beards was a much debated issue[54], and the practice has continued to this day in a culture where grey hair is not much appreciated and where facial hair is a significant symbol of mas-culinity and religious pride. Many early Islamic *materia medica*, including that of al-Biruni in the early eleventh century, mention the use of indigo leaves, usually with henna, to blacken and condition the hair, as well other forms of indigo treatment for minor head ailments[55]. A fourteenth century *Medicine of the Prophet* sets out various conflicting strictures relating to blackening the hair in this way[56].

Persian men were particularly partial to black facial hair, but noblewomen too, not to be outdone, also blackened their eyebrows with indigo[57], as did women of China and Japan. Travellers' descriptions tend to muddle the roles of henna, woad and indigo, presumably due both to the confusion of woad with indigo and to the fact that indigo and henna were so often combined to make hair dye sometimes called simply " henna ". In the early nineteenth century black beards were particularly in vogue among the Persian aristocracy, in emu-lation of the ruler, Fath Ali Shah, whose famous beard was frequently depicted in paintings and pictorial carpets. One traveller described how the effect was achieved by dyeing first with henna and then with indigo, a mixture also used by women as hair dye[58]. The same concoction was also popular in Arabia[59]

52. Hurry, *op. cit.*, 117.

53. Quoted in Cordwell, *op. cit.*, 69.

54. G.H.A. Juynboll, " Dyeing the hair and beard in early Islam. A Hadith analytical study ", *Arabica*, March, vol. XXXIII (1986), 49-75.

55. H.M. Said (trans. and ed.), *Al-Biruni's Book on Pharmacy and Materia Medica*, 1973, 229.

56. Ibn Qayyim al-Jawziyya, *Medicine of the Prophet* (trans. and ed. Penelope Johnstone), 1997, 259-261.

57. J. Chardin, *Travels in Persia*, (ed. N.M. Penzer, from the English translation of 1720), London, 1927, 216.

58. Robert Ker Porter, *Travels in Georgia, Persia, Armenia etc. during the years 1817, 1818, 1819 and 1820*, vol. 1, London, 1821, 231-233, 327-328, 356.

59. Writer's fieldwork, 1983-1988.

and the Punjab[60], and by the late 1930s some places in India were cultivating the plants solely for hair dye and treatment[61]. In neighbouring Pakistani Sind, indigo is also grown for hair dye used locally and exported as " black henna " to the Middle East and elsewhere[62]. The product was even found on the shelves of an Indian shop in a small town in Belgium by this writer in 1997, labelled " Black Vasma Henna ", " wasma " being the name used in mediaeval Islamic literature for indigo leaves[63]. The Yoruba of Nigeria, a people noted for their use of indigo, used indigo in hairdressing rituals that played an important part in traditional culture, including rites at the royal courts and masquerades[64].

On purely medical grounds, numerous sources recommend indigo in a variety of forms for hair and scalp problems. An indigo and vinegar treatment for head ulcers, and an indigo cure for baldness, were recorded by Ibn el-Baytar in the thirteenth century[65]. Dandruff, head lice and scalp itches too have been treated with ash from the burnt plant[66], a decoction of the root[67] or a leaf extract[68]. In the Malay Peninsula a poultice of indigo leaves placed on a child's head was even thought to draw out worms[69]. Even today an extract of *Indigofera tinctoria* is a main ingredient of a popular Indian Ayurvedic herbal hair oil, manufactured from " proven and time-tested Indian herbs ", which claims to " tone up both scalp and hair and arrest hair fall "[70].

CONCLUSION

Researchers in the new scientific branches of ethnomedicine and ethnobiology[71], who realise the value of applying a rigorous scientific approach to tra-

---

60. Lotika Varadarajan, " Indigo, de Indianse traditie ", in *Indigo — Leven in een kleur*, Amsterdam, ed. OEI Loan, 1985, 65.

61. Ernst Hemneter, " The Castes of the Indian Dyers ", *CR*, 2 (1937), 54.

62. N. Bilgrami, 1990, *Sindh Jo Ajrak*, Karachi, 103.

63. A good example of pure serendipity. On my way to the History of Science conference in Liège I sat in the wrong half of a train which then divided. I found myself in a small town in central Belgium where all the shops were shut except for a small Indian grocery store. As I scanned the shelves my eye fell upon a row of packets labelled " Black Vasma Henna ". I could hardly believe it — here was an actual example of something I would be mentioning in my lecture but had hitherto only read about !

64. Marilyn Hammersley Houlberg, " Social Hair : Yoruba Hairstyles in Southwestern Nigeria ", in Justine M. Corwell and Ronald A. Schwartz (eds), *The Fabrics of Culture*, The Hague, 1979, 367-373.

65. Ibn el-Baytar, *op.cit.*

66. Kirtakar and Basu, *op. cit.*, 706.

67. Watt and Breyer-Brandwijk, *op. cit.*, 612.

68. M. Al-Ghoul *et al.*, " Al-Tibb al-sha^cbi ", in *Nadwat al-darasat al-^cUmaniya* (Symposium on Omani Studies), vol. 5, Muscat, 1980, 108.

69. Burkill, vol. 2, 1935, 1237.

70. Writer's fieldwork, 1994.

71. In the mid 1990s a Foundation for Ethnobiology was launched at Green College, Oxford, U.K.

ditional knowledge before it is lost forever, include indigo among the many products whose medicinal functions are now being examined in the laboratory. Their reports regularly appear in specialist journals[72]. Already recent controlled research in China is beginning to lend credence to many historical claims for indigo's medical efficacy. Trials using pigment from all the indigo plants, woad included, have been undertaken, and mumps, hepatitis and eczema have been successfully treated in the process. Tests have also shown indirubin, present in varying degrees in plant indigos, in isolation to be effective against certain cancers[73]. Extractions from indigo plant roots have proved to be antiviral and antibacterial, in trials with illnesses that include chickenpox and meningitis[74].

Maybe the production of natural indigo will survive in order to provide medicine as the western world becomes more receptive to the potential efficacy of traditional medicines.

ACKNOWLEDGEMENTS

I am grateful to the Royal Society for awarding me a grant to present a paper at the XXth International Congress of History of Science at Liège in July 1997.

72. Articles appear in such journals as *Economic Botany* — *e.g.* R.B. Hastings, " Medicinal Legumes of Mexico : Fabaceae, Papilionoideae, part 1 ", *Economic Botany*, 44 (3) (1990), 336-348.

73. Chang and Bu, *op. cit.*, 694-700.

74. *Ibid.*, 712-716.

EL PROCESO DE PRODUCCIÓN DE LA PASTA DE AÑIL EN MÉXICO EN EL SIGLO XIX

Gerardo SÁNCHEZ DÍAZ

DESCRIPCIÓN BOTÀNICA Y MÉTODOS DE CULTIVO

La planta tintórea comúnmente llamada índigo o añil, fue ampliamente conocida en diversas regiones de México con clima tropical desde antes de la llegada de los conquistadores europeos a tierras americanas. Se empleaba para teñir textiles y preparar mezclas para pintar vasijas y murales. En cada zona específica, se le identificó con un nombre en lengua de uso local, *ch'oh* en maya de Yucatán, *jiquilite,* en Oaxaca y Chiapas ; *tzitzupu,* entre los tarascos de Michoacán, aunque predominó el nombre náhuatl de *xiuquilitl,* que significa hierba de color turquesa, entre otros. Al conocer el *xiuquilitl* en el siglo XVI, los españoles confundieron la planta con la *Indigófera añil,* originaria de la India que para entonces ya se cultivaba en Europa y a partir de entonces las denominaciones locales fueron desplazadas por el nombre de añil. El género *Indigófera,* se compone por unas 20 especies entre las que destacan las siguientes : la *Indigofera añil,* la *Indigofera tinctoria, Indigofera argentea,* y la *Indigofera sumatrana*, de las que se derivan diversas variedades que se encuentran distribuidas en Asia, Africa y América. En este estudio nos ocuparemos de la *Indigofera suffruticosa Mill.*, que dentro de la nomenclatura botánica corresponde a la que con diferentes nombres se conoció en la época prehispánica en México y Centroamérica, y que crecía en forma silvestre o cultivada en terrenos de clima cálido cercanos a las costas[1].

1. Bárbara Torres, " Las plantas útiles en el México antiguo según las fuentes del siglo XVI ", Teresa Rojas Rabiela y William T. Sanders, *Historia de la agricultura. Epoca prehispánica. Siglo XVI,* México, Instituto Nacional de Antropología e Historia, 1989, t. 1, 78 ; Manuel Rubio Sánchez, *Historia del añil o xiquilite en Centro América,* San Salvador, Dirección de Publicaciones del Ministerio de Educación, 1976, 2 t. ; *Enciclopedia Yucatanense* (Geografía Física, flora y fauna), Mérida, Gobierno de Yucatán, 1977, t. I, 370 ; Maximino Martínez, *Las plantas más útiles que existen en la República Mexicana,* México, Talleres Linotipográficos de H. Barrales, 1929, 40-41 ; Yoshiko Shirata Kato, *Colorantes naturales, Teoría e historia. Algunos usos en México*, México, Escuela Nacional de Conservación, Restauración y Museografía, 1982, 99.

La especie de añil conocida como *Indigofera suffruticosa Mill.*, de origen americano, pertenece a la familia de las leguminosas, es un arbusto cuya altura varía entre uno y dos metros y medio de altura ; raíz, pivotante, ramificada, y profunda ; tallo erguido y ramificado ; con hojas compuestas, conformadas por varios foliolos que se presentan en tres a siete pares de forma oblonga y aovada. Con flores hermafroditas, rosadas o amarillentas, de forma amariposada, ligeramente olorosas, agrupadas en racimos con pedúnculo corto, cáliz pequeño con cinco dientes ; la corola se compone de estandarte, alas y quilla. Los frutos son en forma de vainas, oblongas y encorvadas, que contienen de cinco a diez semillas angulosas de color café[2].

La Indigofera suffruticosa Mill., se produce en climas cálidos y se propaga mediante la siembra de semillas. Los terrenos propicios para el añil son los comúnmente conocidos como arcillo-arenosos, mismos que durante la temporada de sequías deben ser desmontados y quemados para después proceder a remover la tierra mediante uso del arado o el azadón. La operación debe hacerse cuantas veces sea necesario antes de proceder a la siembra, la misma que se puede hacer de tres formas : una depositando la semilla a determinada distancia sobre los surcos ya hechos, formando hileras, otra llamada " al boleo ", que consiste en esparcir la semilla lanzándola al aire, en diferentes direcciones, sobre el terreno preparado para ello, sobre el cual después deberá pasarse una rastra de ramas ; la tercera, consistente en la preparación de cepas con el azadón sobre las que se deposita la semilla. Si se siembra por surcos, éstos deben tener una separación de unos setenta centímetros, entre uno y otro para permitir un buen crecimiento de las plantas[3].

Desde la época colonial, en diversas regiones de México la siembra y cultivo del añil podía hacerse de temporal o de riego, este último sistema era el que presentaba mayor seguridad a los agricultores en la obtención de una buena cosecha. Si la siembra se hacía de temporal, la preparación del terreno se iniciaba al caer las primeras lluvias, generalmente entre mayo y junio, para luego proceder a la siembra en cuanto había suficiente humedad y si esto se hacía de esa forma, a los 5 o 6 días se empezaba la germinación de las semillas. En cambio, si el cultivo se hacía mediante riego, el momento oportuno

2. Maximino Martinez, *Catálogo de nombres vulgares y científicos de las plantas mexicanas*, México : Fondo de Cultura Económica, 1987, 62 ; del mismo autor *Las plantas más útiles...*, 37 ; *Enciclopedia yucatanense...*, 370 ; Mariano de Jesús Torres, *Diccionario histórico, biográfico, geográfico, estadístico, zoológico, botánico, mineralógico y zoológico de Michoacán*, Morelia : Tipografía Particular del Autor, 1915, t. I, 137 ; Yoshiko Shirata Kato, *Colorantes naturales*, Tokio, Japón, s/f., 54-55 ; Augusto Matons, *Diccionario de agricultura, zootecnia y veterinaria*, México : Publicaciones Herrerías, 1942, t. I, 221.

3. José Manuel D. Cordero Segura, *Reseña sobre el cultivo de algunas plantas industriales que se explotan o son susceptibles de explotarse en la República Mexicana, formada por encargo de la Comisión Mexicana para la Exposición de Nueva Orleans*, México, Oficina Tipográfica de la Secretaría de Fomento, 1884, 110 ; Augusto Matons, *op. cit.*, 231, Herbert G. Baker, *Las plantas y la civilización*, México : Herrero Hermanos Sucesores, 1968, 171-173.

para la siembra se ubicaba de fines de diciembre hasta principios de mayo[4]. Al igual que el cultivo de temporal, el de riego requería de una buena limpieza del terreno, arrancando con el azadón cuanta hierba hubiera antes de depositar las semillas en el surco, operación que debía hacerse siempre " en hileras parale- las, a distancia de cincuenta centímetros, por treinta de cada mata, por uno de profundidad, para lo cual, uno o más jornaleros provistos de punzones de acero, cavan ligeramente el terreno, marcado el agujero en que deben ser depositadas ; otros operarios siguen a los primeros, depositando la semilla, pudiendo éstos últimos ser reemplazados con ventaja por niños, en quienes la flexibilidad de sus articulaciones permite la progresión rápida e inclinada hacia adelante y abajo, a fin de que la simiente al ser arrojada ocupe el lugar que se le asigna sin esparcirse. La cantidad de semilla empleada para cada agujero es el que se puede tomar con los dedos pulgar e índice "[5].

Si se contaba con suficiente humedad, a los pocos días empezaban a germi- nar las semillas. Cuando las plantas alcanzaban una altura de 6 a 8 centímetros se daba la primera escarda y limpia a mano y luego, según la costumbre gene- ralizada, se introducían a pastar ganados menores en los campos de cultivo con el objeto que se comieran las plantas extrañas que hubieran quedado después de la limpia, de tal forma que " cuando el ganado ha salido de la plantación es muy conveniente hacer recorrer a los operarios el campo para enderezar o desenterrar las plantas que hubiesen quedado ocultas o maltratadas por las pisadas de los animales y limpiar aquellos lugares que hubiesen quedado enyerbados "[6].

La escarda y los riegos se repetían cuantas veces fuera necesario, hasta que las plantas alcanzaran un desarrollo suficiente que impidiera el crecimiento de otras yerbas. También, en los campos añileros se debía de tener el cuidado sufi- ciente para que las plagas de orugas y las telarañas no dañaran el desenvolvi- miento normal de las plantas.

De esa forma, el añil, continuaba creciendo hasta el mes de septiembre, época en que aparecían las primeras manifestaciones del floreo y a partir de entonces se iniciaban los primeros cortes utilizando la hoz o machetes de fierro, dejando troncos de aproximadamente veinte centímetros de altura de los que a los pocos días brotaban los retoños de nuevas ramas, mismas que pre- sentaban un crecimiento más acelerado cuando mayores eran los calores y las precipitaciones pluviales de verano. Los nuevos cortes se hacían casi siempre en días nublados para impedir que con los ardores del sol se afectaran las plan- tas y se desprendieran las hojas, fuente principal para la extracción de la subs-

---

4. *Diario del Imperio,* México, t. I, n° 88 (18 de abril de 1865), 67.

5. Raúl del Pino, " Del cultivo y elaboración del añil en el Estado de Chiapas ", *La Tierra,* México, 1895, 241.

6. *Idem.*

tancia colorante[7]. Después del segundo y tercer corte la planta se dejaba descanzar durante el invierno y ya avanzada la primavera, cuando las ramas habían crecido, se practicaban nuevos cortes hasta el comienzo de las lluvias, y de nuevo se dejaba en descanso hasta septiembre cuando se iniciaba el nuevo ciclo de zafra. Por lo general, durante las labores del corte cada trabajador cegaba unas catorce cargas, de hierba al día. Cada carga se componía de cuatro haces, de poco más de tres arrobas cada uno[8]. Una vez que se tenía cortada la planta, los cargadores la conducían al obraje en carretas tiradas por bueyes que en cada viaje podían transportar hasta unas noventa cargas.

Una buena cosecha de la planta, materia prima para la extracción de la substancia colorante dependía de varios factores como la calidad de los terrenos y el beneficio del cultivo ; la limpia de malezas extrañas en los campos cultivados ; el grado de humedad de la tierra durante el crecimiento de las plantas y el control de plagas. Después de efectuados los primeros cortes se acostumbraba dejar una parte de las plantas, sobre todo las que presentaban un mejor desarrollo y se les dejaba florecer para obtener semilla suficiente para hacer replantes o establecer nuevas siembras. Aproximadamente, de ocho arrobas y media de vainas colectadas se podía obtener una de semilla. Por lo que corresponde a la planta verde, que se sometía al proceso de maceración para extraer la pasta colorante, si el cultivo se desarrollaba en condiciones normales, de cada hectárea se podían lograr arriba de 2,600 arrobas de materia prima, de las que se obtenían alrededor de 20 arrobas de la pasta colorante en diversas calidades[9].

LOS OBRAJES Y LA EXTRACCIÓN DE LA PASTA DE AÑIL

En México, desde la época colonial hasta el siglo XIX, para extracción de la sustancia tintórea del añil se requería de un largo y riguroso proceso, mismo que era considerado como un trabajo fastidioso y pesado por lo que en ello se empleaba solamente mano de obra de adultos, además de las molestias que causaba el olor fétido resultante de la putrefacción vegetal que a veces producía intoxicaciones entre los miembros de las cuadrillas de trabajadores que laboraban en los obrajes.

La obtención de la pasta colorante tenía lugar en pilas de forma rectangular, construidas a diferente nivel, mismas que eran llamadas *obrajes, indigoteras* o *factorías*, construidas de ladrillo y mampostería perfectamente bien aplanadas en el fondo y en los cuatro lados. Generalmente cada depósito tenía cuatro metros por lado y uno de profundidad con el piso ligeramente inclinado. " Un

---

7. *Diario del Imperio*, t. 1, n° 88 (México, 18 de abril de 1865), 367 ; Alicia del Carmen Contreras Sánchez, *Capital comercial y colorantes en la Nueva España. Segunda mitad del siglo XVIII*, Zamora, El Colegio de Michoacán-Universidad Autónoma de Yucatán, 1996, 46-48.

8. Raúl Del Pino, *op. cit.*, 242.

9. Augusto Matons, *op. cit.*, 231 ; Maximino Martínez, *Las plantas más útiles…*, 39.

obraje o *mancuerna de pilas,* está compuesto de dos recipientes de la misma capacidad y contiguo el uno del otro, con diferencia de niveles, estando el piso del primero a un metro de altura sobre el piso del segundo, es decir escalonados. El primer recipiente se llama pila *cargadora,* y el segundo, *batidora,* el primero está provisto de cuatro postes, (cepos), enclavados fuertemente en el piso a distancia de sesenta centímetros de la pared, con altura de un metro, con ancho de dieciséis centímetros por ancho de grueso, perforado por agujeros circulares en número de 3 ó 4, perpendiculares al poste. El mismo depósito y en la pared que le sirve de división con el segundo está provisto de un agujero de salida al ras del fondo.

El segundo depósito, *pila batidora,* carece de postes y si está perforada una pared por tres agujeros de ocho centímetros cada uno, en línea recta de arriba a abajo que sirven para colocar tapones o espitas, que más tarde dejan escapar el líquido ya decantado que ha servido para macerar — el añil — abriendo de arriba a abajo cada tapón paulatinamente. Sobre el borde de esta pared, se encuentran colocados dos pilares uno al lado opuesto del otro que sirven para sostener una viga donde se sujetan por medio de cuerdas los remos que sirven para el batido del líquido "[10].

En los obrajes de las haciendas añileras de la Tierra Caliente de Michoacán, después de cortada la planta se colocaba en las pilas, mismas que luego eran llenadas con agua, iniciando enseguida el proceso de la maceración de cuyo buen resultado dependía la cantidad y calidad de la sustancia colorante extraída. Este trabajo se iniciaba con el continuo golpeteo que los trabajadores ejercían sobre la planta depositada en la pila cargadora mediante unas agujas de madera. Pasadas tres o cuatro horas de iniciada la operación, comenzaba a desarrollarse en el fondo de la pila una temperatura caliente, que poco a poco iba en aumento hasta llegar a 37 ó 38 grados centígrados que ascendía a la superficie y una vez que esto sucedía, los trabajadores del obraje procedían a separar el agua del producto vegetal macerado abriendo la compuerta para que el líquido fluyera a la segunda pila en donde el agua tomaba un color verde amarillento y en cuya superficie poco a poco se formaba una espuma blanca que luego que se transformaba en azulosa al mismo tiempo que se aparecerían burbujas formadas por el desprendimiento del ácido carbónico. Cuando aparecían estas señales, los trabajadores, mediante el uso de palas de madera procedían a remover el líquido en forma acompasada y a medida que se aceleraba el movimiento se iniciaba una reacción química producida por el roce del

10. Raúl del Pino, *op. cit.,* 242 ; véase además Karl Kaerguer, *Agricultura y colonización en México en 1900,* Traducción de Pedro Lewin y Gudrun Dohrmann, Introducción de Roberto Melville, México, Universidad Autónoma de Chapingo-Centro de Investigaciones y Estudios Superiores en Antropología Social, 1986, 148 ; José C. Segura y Manuel D. Cordero, *Reseña de algunas plantas industriales que se explotan o son susceptibles de explotar en la República Mexicana por encargo de la Comisión Mexicana para la Exposición de Nueva Orleans,* México, Oficina Tipográfica de la Secretaría de Fomento, 1884, 112-114.

oxígeno del aire con el agua que contenía la sustancia colorante que hacía cambiar del color verde al azul claro y luego obscuro, desprendiendo nuevamente gran cantidad de espuma. Posteriormente, se le agregaba a la pila alguna sustancia albuminosa, que podía ser sustituida por pencas de nopal machacadas, al tiempo que se suspendía el trabajo de batido. Dos horas más tarde, el líquido, ya reposado, se cambiaba a la tercera pila, en donde adquiría un color púrpura, que luego se transformaba en azul[11].

Cuando la sustancia colorante ya se había puesto espesa, debido a la evaporación, se sacaba de la pila y se vaciaba en moldes de madera para su destilación en donde se convertía en una pasta compacta, que al día siguiente se colocaba en plataformas de madera llamadas *carros* o *asoleaderos,* en donde concluía el proceso de secado. Posteriormente, la pasta seca se cortaba en fragmentos de forma irregular mediante espátulas o cuchillas de madera[12].

Para determinar si la desecación era buena, el añil se amontonaba nuevamente en algún lugar bien ventilado en donde le diera el calor hasta que sufriera una nueva fermentación " a consecuencia de la cual se cubre su superficie de una eflorescencia blanca ; se separa entonces del tonel y se acaba de secar extendiéndola sobre lienzos en un lugar bien ventilado ; por último se envasan en zurrones de cuero y se libran al comercio "[13]. Era indispensable que las personas encargadas de preparar el añil tuvieran amplios conocimientos sobre las condiciones en que se había desarrollado la plantación " la cual si ha sufrido fuertes y continuas lluvias, habrá vegetado mal y dará grano imperfecto en el estanque, en cuyo caso debe juzgarse la fermentación por el color del agua. Cuando la estación ha sido seca, el grano también será imperfecto, pero el agua se cargará de grasa, la cual será el anuncio de la fermentación "[14].

El proceso tecnológico de extracción de la sustancia colorante del aníl se mantuvo sin alteraciones en las fincas añileras durante casi todo el siglo XIX. Solo se sabe que en las haciendas de La Huerta y La Españita, ubicadas en la jurisdicción de Apatzingán a fines de esa centuria se introdujeron ruedas hidráulicas a los obrajes para triturar las plantas. En estas fincas, también se modernizaron las instalaciones de secado de la pasta. Sobre ello, Ezio Cuzi escribió en sus memorias : " En las haciendas donde se cultivaba añil en aquellos tiempos, en las azoteas de las trojes y bodegas, se instalaban tejados corre-

---

11. Raúl del Pino, *op. cit.,* 243 ; Maximino Martínez, *Las plantas más útiles…,* 39 ; Teresa Castelló Yturbide, *Colorantes naturales de México,* México, Industrias Resistol, 1988, 78-83 ; Yoshico Shirata Kato, *Colorantes naturales…,* 106-109 ; Gerardo Sánchez Díaz, " Cultivo, producción y mercado del añil en Michoacán en el siglo XIX ", *Nuestra Historia, Revista historiográfica,* n° 1 (1991), 38-40.

12. *Memoria presentada a la Legislatura de Michoacán por el Secretario del Despacho en representación del Ejecutivo del Estado,* Morelia : Imprenta del Gobierno en Palacio, 1884, 116-117 ; Gerardo Sánchez Díaz, *El Suroeste de Michoacán : economía y sociedad 1852-1910,* Morelia, Universidad Michoacana, 1988, 223.

13. José Segura y Manuel D. Cordero, *op. cit.,* 114.

14. *Diario del Imperio,* t. I, n° 88 (México, 18 de abril de 1865), 368.

dizos de tejamanil lo más liviano posible, tejados que estaban apoyados sobre unas ruedas de madera y que al ser empujados corrían sobre las vigas que les servían de carril o rieles. Se ponía el añil recién extraído de las plantas sobre la azotea para que pronto se secara a los rayos del sol y al atardecer o cuando amenazaba lluvia, se empujaba el tejado sobre la parte donde estaba extendido el añil para que lo protegiera de la lluvia o del rocio de la noche "[15]. Por su calidad, en el proceso de extracción y secado la pasta del añil se dividía en *añil flor, añil sobresaliente y tintarrón*, cada una adquiría un valor comercial distinto en el mercado.

La pasta colorante obtenida de la *Indigofera suffruticosa Mill.,* comúnmente tamblén llamada añil, se compone de un 20 a 80% de la sustancia química llamada *indigotina,* de 3 a 6% de agua y de 5 a 8% de diversos minerales, ésto dependiendo del tipo de pureza y calidad de la misma. La *indigotina,* es en realidad la sustancia química que produce el color azul, es insoluble en agua, alcohol, ácidos diluidos o alcalis y aceites grasosos. Calentada a 290°C se derrite sin sufrir alteraciones, sólo se disuelve en ácido acético glacial, nitro benzol y ácido sulfúrico concentrado. Para fijarla a los tejidos textiles es necesario someterla a la acción de sustancias mordentes como la soda cáustica[16]. La indigotina, sometida a diversas reacciones químicas, puede proporcionar otros colores como el rojo, púrpura y amarillo.

En 1880, después de diversas investigaciones el químico Adolf von Bayer descubrió en Alemania la *indigotina,* que como dijimos antes, es la sustancia que produce el color azul a partir de la pasta del añil vegetal y tres años después logró definir su fórmula química al separar los componentes que la integran. Después de varios años de trabajo de laboratorio Bayer, logró en 1897 producir indigotina de forma artificial, misma que fue la base para que a partir de 1904 una empresa alemana empezara la producción industrial de la anilina como colorante sintético de bajo costo y con ello se inició el derrumbe internacional de la producción del añil vegetal[17].

Por lo que respecta a Michoacán, a partir de 1895 el cultivo del añil empezó a ser desplazado por otros productos como el arroz, el tabaco y la caña de azúcar de los que crecía la demanda en el mercado nacional y en el extranjero.

EL AÑIL EN LA FARMACOPEA

Uno de los aspectos menos tratados, en los pocos estudios que existen sobre el añil que se producía en México, desde la época colonial, es sin duda el de sus usos medicinales. Sin embargo, existen referencias documentales que indi-

---

15. Ezio Cuzi, *Memorias de un colono,* México, Editorial Jus, 1952, 13.

16. Yoshico Shirata, *op. cit.,* 56-58 ; *Nueva Farmacopea Mexicana,* Sexta edición, corregida de la de 1874, México, Ediciones Botas, 1952, 66-67.

17. Yoshiko Shirata, *op. cit.,* 54 ; Herbert G. Baker, *op. cit.,* 173.

can su importancia en la herbolaria indígena desde antes de la conquista y que sus usos fueron asimilados por médicos y farmacéuticos novohispanos. Así, se sabe que las semillas pulverizadas se aplicaban al tratamiento de úlceras y enfermedades urinarias[18]. En el tratado de medicina herbolaria, escrito por el religioso franciscano Juan Navarro al iniciarse el siglo XIX, se puede leer lo siguiente acerca de las propiedades curativas de la planta de añil : " Es aguda, caliente y seca en segundo grado ; su polvo lavado con orines sana las llagas viejas. Para hacer el añil se echan las hojas picadas en vaso de cobre o en tina de agua fría y se menea con fuerza ; déjese aposar y se seca el agua clara, el poso se cuela y se seca al sol, del cual se hacen pastillas y se secan hasta endurecerse y este es el añil "[19].

En el siglo XIX algunos médicos también utilizaban el añil para curar el empacho de los niños, para ello preparaban una fórmula compuesta por polvo de añil y aceite de recino. Otros lo recomendaban como purgante y para curar los padecimientos de la epilepsia. Por su parte, los autores de la *Farmacopea Mexicana,* publicada en 1874, describían así la preparación del añil para usos farmacéuticos : " La solución de añil se prepara haciendo digerir de 40 a 50° un gramo de añil en polvo fino en 4 partes de ácido sulfúrico humeante y diluyendo con 100 c.c. de agua, se deja reposar y se filtra por algodón de vidrio... para dosificar la indigotina se pone un gramo de añil en un vaso de 50 c.c. y se agregan 8 de ácido sulfúrico humeante al 10% de SO_3 ; se calienta la mezcla en baño de arena de 50 a 60 ; agitando frecuentemente ; a las dos horas se deja enfriar, se agrega un poco de agua con precaución y se vierte el producto en un matraz graduado de un litro ; se lava perfectamente bien el vaso reuniendo las aguas del lavado en el matraz y se completa finalmente con agua destilada hasta formar un litro justo.

Se mezclan bien y se títula solución N/10 de pergamenato de potasio[20]. Este preparado farmacológico se aplicaba como antiepiléptico y purgante, y en algunos casos para practicar curaciones a partes del cuerpo afectadas por enfermedades venéreas.

---

18. Maximino Martínez, *Las plantas más útiles...*, 40 ; *Plantas medicinales Virtudes insospechadas de plantas conocidas*, México-Nueva York, Reader's Digest, 1987, 115 ; véase también el artículo sobre el añil en el *Apéndice al Diccionario Universal de Historia y de Geografía, Colección de artículos relativos a la República Mexicana,* Recogidos y coordinados por el Lic. Manuel Orozco y Berra, México, Imprenta de J. M. Andrade y F. Escalante, 1855, t. I, VIII de la obra, 217.

19. Véase : Fray Juan Navarro, *Historia Natural o Jardín Americano,* (Manuscrito de 1801), Estudio introductorio de Xavier Lozoya, México, UNAM-IMSS-ISSSTE, 1992, 108.

20. *Nueva Farmacopea Mexicana...*, 66-67.

THEORY, PRACTICE AND STATUS
HUMPHRY DAVY AND THOMAS THOMSON

David KNIGHT

When the International Congress on History of Science adopts a miner's safety lamp as its symbol, it is right that we should remember the inventor in 1815 of the first safety lamp, Sir Humphry Davy. He would be delighted to think of such a congress happening beneath his aegis. He wrote to his mother from a triumphal tour that [1]: " In Flanders I had the satisfaction of knowing that I have saved the lives of many miners by my lamp of safety ". Indeed, we might think that there was at this time an epidemic of mine explosions, a morbid condition usually fatal to its victims ; that heroic local figures, William Clanny and George Stephenson sought for a cure, and perhaps achieved it with their lamps ; but that the glory went to the eminent consultant from London, who brought the aura of the latest science to the solution of the problem. This is a classic pattern in medicine : and in this case the lamp brought enormous and much-needed prestige to the Royal Institution and Sir Joseph Banks' Royal Society [2], the London bases of British science. Later in the century Florence Nightingale, the Lady with the Lamp, was to reform the hospitals first of the British Army in the Crimea, and then in Britain generally ; but before her, Davy [3], the Gentleman with the Lamp, was the invincible candidate for the Presidency of the Royal Society when Banks died in 1820.

But a lamp is not in fact a drug. It was at the very outset of his career that Davy was involved in a new kind of pharmacy : the administration of " factitious airs ", synthetic gases, to sufferers from various diseases. And it was here that he made the reputation which brought him to London, and to international fame. Funded by the Wedgwood family, Thomas Beddoes was in

1. J. Davy, *Memoirs of the Life of Sir Humphry Davy*, vol. 2, London, Longman, 1836, 97.

2. R.E.R. Banks *et al.* (ed.), *Sir Joseph Banks : a global perspective*, London, Royal Botanic Gardens, Kew, 1994, esp. 77-78.

3. A new paperback edition of D.M. Knight, *Humphry Davy : Science and Power*, Cambridge, University Press, 1997.

1798 setting up in Bristol a Pneumatic Institution, and sought an assistant ; finding one (through the Watt family) in Davy, an apothecary-surgeon's apprentice from Penzance, at the extremity of Cornwall, who broke off his indentures for the opportunity to enter the world of science. Joseph Priestley, who with Josiah Wedgwood had been a member of the Lunar Society of Birmingham, had made work on gases central to chemistry in Britain ; he had emigrated to the USA after his house had been sacked by a mob, but his programme was to be continued : he wrote to Davy after his experiments on gases were published, seeing him as an heir, and his son worked with Davy on some of the experiments in Bristol. Priestley had ensured that gases were as important as liquids and solids in chemistry : Davy, under Beddoes' general direction and using apparatus devised by James Watt, was to do the same for pharmacy, or so it seemed.

Davy became a friend of S.T. Coleridge, the poet and critic, and Robert Southey ; and subsequently of William Wordsworth and Walter Scott. He minded about style ; and his introduction to his first book[4], *Researches on Nitrous Oxide*[5], is eloquent. He reports of his studies on the oxides of nitrogen that wherever possible he had used evidence from both analysis and synthesis ; that he had tried to avoid the dangers of early generalization, seeking " obvious and simple analogies " ; that his work was compatible with Lavoisier's theory[6] (although he provided " phlogistic " translations of the new terms) ; and that he was grateful to Beddoes[7] : " In the conception of many of the following experiments, I have been aided by his conversation and advice. They were executed in an Institution which owes its existence to his benevolent and philosophic exertions ".

Little success attended the attempts to cure diseases by the administration of gases ; and indeed the only cure reported by Davy was achieved, in the presence of Coleridge, by taking the patient's temperature. In due course, the Pneumatic Institution had to pay its subjects ; and it came to an end with Beddoes' early death in 1808. But it was the research on nitrous oxide, promising all the pleasures of getting drunk without a hangover, which made breathing it a craze ; as we can see from the famous cartoon by James Gillray of a session at the Royal Institution[8]. Davy began with analysis and production of nitrous oxide, which some authors had expected to be deadly poisonous. It appeared

4. J.Z. Fullmer, *Sir Humphry Davy's Published Works*, Cambridge, Mass., Harvard U.P., 1969.

5. H. Davy, *Researches, Chemical and Philosophical, chiefly concerning Nitrous Oxide... and its Respiration*, London, Johnson, 1800 ; reprinted in facsimile, London, 1972.

6. See my chapter in B. Bensaude-Vincent and F. Abbri (ed.), *Lavoisier in European Context : Negotiating a New Language for Chemistry*, Canton, MA, Science History, 1995, 143-153 ; a version of this is " Adopting the enemy's language : putting the new chemistry into English, 1789-1815, *La Lettre de la Maison Française*, 7 (1997), 100-109.

7. H. Davy, *Collected Works*, vol. 3, 4, ed. J. Davy, London, Smith, Elder, 1839-1840.

8. Reproduced in M. Berman, *Social Change and Scientific Organization : the Royal Institution, 1799-1844*, London, Heinemann, 1978, 21.

harmless ; but he studied its chemical properties, its combinations and its constitution. He developed a competence in handling gases[9], but also in standard methods of analysis. He began with the chaotic state of understanding, and the incompatible experiments made by the eminent, which he had found in the literature — including the *Annales de Chimie*[10]. He used weights, basically, though we have some results in cubic inches. He concluded that the " nice equilibrium of affinities " by which nitrous oxide is constituted did not allow him to contemplate a total synthesis.

He then moved, as it were, from the laboratory to the clinic : the kind of step from pure to applied science which was later to characterize his work on the safety lamp, and which was still unusual in the world of the first industrial revolution. Experiments on animals were familiar in Lunar Society circles, as we know from the famous painting by Joseph Wright of Derby[11] of a bird expiring in the receiver of an air-pump. Davy did such experiments, which were often fatal : not just suffocation, but also convulsions, paralysis, and in fortunate cases slow recovery befell the unfortunate creatures.

Then came the bold step of inhaling the gas himself, following experiments on the capacity of his lungs ; and the discovery of its properties as laughing gas. He defined " respirable " as meaning that a gas could be inhaled by voluntary efforts, unlike the higher oxides of nitrogen ; and without disastrous consequences, like those which nearly followed his breathing carbon monoxide. His reports on what it felt like to breathe nitrous oxide are classic : he threw his arms about, shouted, and exclaimed : " Nothing exists but thoughts ". Friends and medically-qualified witnesses[12] breathed the gas, or reported on those who did so ; but the only ailment which responded to the treatment was ennui. There was doubt as to whether it was a stimulant, or a depressant. Despite his suggestion that minor operations might be carried out under its effects, which he later could have pressed as President of the Royal Society and friend of eminent doctors, it had no medical uses in his lifetime. It fell into the context of other drugs, such as Indian hemp and opium, which formed a part of the romantic lifestyle. Indeed, for Davy, breathing this and other gases actually induced ill-health, cured by a holiday back home in the fresh air of Cornwall.

9. H. Hartley, *Humphry Davy*, London, Nelson, 1966, 32-34 ; the tone here is a little " whiggish ".

10. M.P. Crosland, *In the Shadow of Lavoisier : the Annales de Chimie and the establishment of a new science*, Faringdon ; British Society for the History of Science, *Monograph* 9, (1994). Davy read French, though his speaking of it was apparently Churchillian.

11. Reproduced on the cover of H. Collins and T. Pinch, *The Golem* ?, Cambridge, University Press, Canto pb ed., 1996 ; the painting is in the National Gallery, London.

12. Citation of witnesses was very important in earlier science : P. Dear, *Discipline and Experience*, Chicago, University Press, 1995, 85.

The call to London in 1801, where his lectures put the Royal Institution on a firmer footing and supported his research in the laboratory, turned his attention towards agriculture and tanning ; where he essentially provided a scientific rationals for the best practice, and was awarded the Royal Society's Copley Medal. He was always very skilled at leaving a field when there was no more usefully to be done there ; and thus moved on into electrochemistry, isolating potassium in 1807 and (rather as with nitrous oxide, but without an external stimulant) dancing about the room in ecstatic delight. After that, his researches on chlorine led him to conclude that it was an element ; and that Lavoisier's view that oxygen was the cause of acidity must be modified. During these years, he had also been doing relatively routine analyses for a fee, building upon the chemical skills he had learned with Beddoes. Knighted, married and on a wartime visit to France, to claim a prize from the Institut[13], he was introduced to a curious substance which he recognized as analogous to chlorine ; with his young assistant, Michael Faraday, he raced with Joseph-Louis Gay-Lussac to determine the properties of iodine. They then journeyed into Italy, which they found much more congenial. Davy was there when the Pope, released from his Babylonish captivity at Fontainebleau, returned to Rome with the defeat of Napoleon and the coming of peace in 1814.

In 1812 Davy had invented a new pigment, (iodine) scarlet, which was our mercuric iodide. It gave a remarkable intensity of colour, and was used by the painter J.M.W. Turner in his famous work, " The fighting Temeraire ", 1838[14], where the old warship is being towed by a steam tug to be broken up in London against a tremendous sunset where Turner used both vermilion and scarlet. Turner's attempts to capture the effects of light in paint, notably in this great picture of the end of the epoch of wooden walls, are and were very exciting ; and it is a pity that in this case his determination to use the gifts of recent science was unavailing, because the pigment is fugitive (unlike vermilion) and has faded with time. Davy's new dye, despite its contemporary attractiveness, does not seem to have been any more successful than his new drug had been.

But in the winter of 1814-15 in Italy, stimulated no doubt by work going on in Paris, he began a series of researches on old pigments : those to be found on the vases, frescoes and statuary which had come down from Antiquity. On his way to Bristol, the young Davy had heard of Nelson's victory on the Nile ; HMS Temeraire had fought at Trafalgar alongside HMS Victory ; and in Naples Emma, the young wife of the British Ambassador, Sir William Hamilton[15], had enjoyed Nelson's company while her husband investigated volca-

13. M.P. Crosland, *Science under Control : the French Academy of Sciences, 1795-1914*, Cambridge, University Press, 1992, 12.

14. Judy Edgerton, *Making and Meaning : Turner, The Fighting Temeraire*, London, National gallery, 1995, 122.

15. I. Jenkins and K. Sloan, *Vases & Volcanoes : Sir William Hamilton and his Collection*, London, British Museum, 1996.

noes. Hamilton had made virtuosi and dilettanti, including Banks, appreciate the vases (which had been described as Etruscan) as works of art, and Greek. Admiration for austere classicism was rising ; but the ruins of Pompeii and Herculaneum were also arousing intense interest. In undertaking analyses Davy was inaugurating something on the frontier of science and fine art which has developed into a booming business[16]. These pigments, unlike his scarlet, had endured for 1700 years ; and permanence, in a world of change, was what he sought both in his poetry and last discourses[17], and in his work on the chemistry of colours. He had met the sculptor Antonio Canova, for whom he wrote a poem[18] :

Thou wast a light of brightness in an age
When Italy was in the night of art :
She was thy country, but the world thy stage,
On which thou acted'st thy creative part.
Blameless thy life — thy manners playful, mild,
Master in art, but Nature's simplest child.
Phidias of Rome ! like him thou stand'st sublime :
And after artists shall essay to climb
To that high temple where thou dwell'st alone,
Amidst the trophies thou from time hast won.
Generous to all, but most to rising merit ;
By nobler praise awakening the spirit ;
Yet all unconscious of the eternal fame,
The light of glory circling round thy name.

Davy's researches were published in the Royal Society's *Philosophical Transactions*, 1815, on his return to England[19].

His evidence was from the Greek vases, improperly called Etruscan, for Greek painting ; and frescoes in Rome, Herculaneum, and Pompeii ; and his authorities were Vitruvius, Pliny, Theophrastus and Dioscorides. He believed that " Roman " painters were mostly Greek, working in a tradition going back to Apelles and Zeuxis. Colours were described in the sources, and visible in frescoes today ; and Davy's objective was to examine their nature and chemical composition. Materials for analysis came from the Baths of Titus, the Baths of Livia, and other Roman and Pompeian sites, through the kindness and good offices of Canova " charged with the care of the works connected with ancient

16. P.T. Craddock, " The detection of fake and forged antiquities ", *Chemistry & Industry*, 13 (7 July 1997), 491-538.

17. See my " From Science to Wisdom : Humphry Davy's Life ", in M. Shortland and R. Yeo (eds), *Telling Lives in Science : Essays on Scientific Biography*, Cambridge, University Press, 1996, 103-114.

18. J. Davy, *Memoirs of the Life of Sir Humphry Davy*, vol. 1, London,Longman, 1836, 488-489.

19. H. Davy, *Works*, vol. 6, 131-159.

art in Rome " and Signor Nelli, proprietor of the Nozze Aldrovandine. Davy declared that : " When the preservation of a work of art was concerned, I made my researches upon mere atoms of the colour, taken from a place where the loss was imperceptible ; and without having injured any of the precious remains of antiquity, I flatter myself I shall be able to give some information, not without interest to scientific men, as well as to artists, and not wholly devoid of practical applications "[20].

The use of " atom " in this sense is surprising, but what we see in Davy's paper is a good example of matching up ancient sources and modern science, through chemical analyses.

The reds he analysed, found in pots and on walls, were red oxide of lead, minium ; and two ochres. The brightest red was cinnabar, or Turner's long-lasting vermilion, mercuric sulphide : which had been much admired and very expensive in Antiquity. Among the yellows, Davy did not find yellow arsenic, the higher sulphide " orpiment " : but ochres, and a yellow containing the lead oxides massicot and minium. Blues were ultramarine, and a frit probably invented in Egypt containing sand, sodium carbonate and copper ; a cobalt blue, smalt, was used in Roman glass, and in that from Magna Graeca. Of the greens, one was earthy, one copper carbonate with chalk, another with frit also — copper, verdigris, was usually a crucial component of greens. He thought some purples, which seemed to be of animal rather than vegetable origin, might be Tyrian purple ; those on walls were mixtures of red and blue. Blacks and browns were carbon, ochres, and iron and manganese oxides ; while whites were chalk.

Pliny had written that some colours were injured by being applied to wet stucco ; and Davy could explain why from his knowledge of chemistry. In these cases, the colours had to be applied mixed with wax in the encaustic process. Davy found no traces of wax or glues in the painted stuccos he examined : but the colours mentioned by Pliny included purple, orpiment and indigo, which Davy did not find on walls anyway. No doubt he would have been delighted with the ancient grave portraits from Egypt, which were done on with wax based colours[21]. The paper ended with recommendations for artists, here he writes[22] : " I have tried the effect of light and air upon some of the colours formed by the new substance iodine. Its combination with mercury offers a good red ; but it is, I think, less beautiful than vermilion, and it appears to change more by the action of light ".

He recommends however lead iodide as a brilliant yellow, little inferior to lead chromate. He concludes that if works of art are to be preserved, artists

20. H. Davy, *Works*, vol. 6, 134.

21. S. Walker and M. Bierbrier, *Ancient Faces : Mummy Portraits from Roman Egypt*, London, British Museum, 1997, 21-22.

22. H. Davy, *Works*, vol. 6, 156.

should use mineral colours, preferably on a mineral base ; and by contrasts rather than by brilliant colours (that is, in the manner of Raphael and Titian) achieve their best effects, perhaps only using four colours as Pliny reported that the great painters of Antiquity had done.

Davy subsequently, in 1818, revisited Naples and investigated (at the Prince Regent's request) the papyri from Herculaneum, which he tried to unroll using chlorine ; but here he ran into troubles with the locals, despite or perhaps because of the support he received from the British Ambassador and his chaplain. He returned to London in 1820 to become President of the Royal Society, by now living in some style thanks to his marriage (otherwise not happy) to a wealthy widow. Socially, he had come a long way, like Sir Thomas Lawrence (who painted his portrait) an innkeeper's son who became President of the Royal Academy in the same year : the Regency world was one where men of genius could rise from humble beginnings to great eminence. This is not, however, a recipe for popularity. Davy was not liked by the social superiors over whom he presided ; nor by the artisan chemists from whose ranks he had ascended. He was involved in unpleasant priority-disputes over the safety lamp ; and in 1824 was mocked by the editors of *The Chemist*, a publication aimed at humbler practitioners, for his élite science.

Wondering whose portrait should adorn their volume, as the presiding genius of their work, they could not but think of Davy[23] : " It is unquestionable, however, that the discoveries of Sir Humphrey [*sic*] Davy, and his well-deserved reputation, so far surpass those of every other living chemist, that no Englishman of the present day can have any hesitation in assigning the first place to him ; but his portrait is already the ornament of so many scientific periodicals, that had we taken it we would have had the appearance of imitating and borrowing from them — we should have given our readers nothing new. It cannot be concealed, that the President of the Royal Society professes a sort of royal science. If in its pursuit he makes any discoveries which are useful to the multitude, they may, and welcome, have the benefit of them, but he has no appearance of labouring for the people. He brings not the science which he pursues down to their level ; he stands aloof amidst dignitaries, nobles and philosophers, and apparently takes no concern in the improvement of those classes for whom our labours are intended, and to whom we look for support. Amidst all the great efforts which have been lately made to promote scientific instruction among the working classes, and amidst all the patronage which those efforts have found among opulent and clever man, it has been with regret that we have sought in vain to trace one exertion or one smile of encouragement bestowed on such efforts by the President of the Royal Society. In fact, there is some reason to believe that Royal Societies of every description partake of the opinions and apprehensions of their patrons, and, like them, are not

23. *The Chemist,* 1 (1824), VI-VII.

forward to encourage that species of instruction which tends to make the great mass of mankind the accurate judges of merit rather than submissive scholars ".

They were right about Davy, who deplored the " March of Intellect "[24] which, supported by Henry Brougham and others, was leading towards reform and a more secular society ; and went with evolutionary beliefs, and challenges to medical orthodoxy[25].

Despite Davy's role as the apostle of applied science, admittedly to the wealthy at the Royal Institution ; and his work on gases, tanning, agriculture, gunpowder, safety lamps, pigments and ship-protectors ; his critics were probably right that he, as a Romantic genius, saw these as mere spin-offs from his intellectual labours as the would-be Newton of Chemistry, revealing the simple pattern of electrical forces which underlay the enormous and puzzling variety of chemical reactions. His business, until he married and could retire, was not to instruct students in a syllabus ; but to draw in, hold in the palm of his hand, and release dazzled as much as enlightened, a mixed and fashionable audience. Jacob Berzelius criticized his work as " brilliant fragments "[26] : he had never had a formal scientific education, and having satisfied his patrons and established his position with researches on tanning and agriculture, he worked in a lordly way at those problems which interested him.

Very different was the work of his contemporary Thomas Thomson, whose textbook was a great success, receiving the accolade of a French translation. He recognized the novelty and power of Dalton's atomic theory, and introduced it to the world in this textbook ; and in Edinburgh informally, and in Glasgow as a Professor, he taught chemistry to medical students. In Glasgow, he was a " chemist breeder " training up students in laboratory methods before Justus Liebig began it[27] ; and while interested in theory, he was no outstanding theorist himself. In Glasgow, he got his students to perform analyses to test William Prout's hypothesis[28], that the atoms of all the elements were composed of hydrogen, and that their atomic weights should therefore be whole multiples of that of hydrogen. Either he chose as most accurate those experiments which confirmed the hypothesis, or the students noticed that such analyses got his approval ; so his publication *An Attempt to Establish the First Principles of Chemistry upon Experiment*, in 1825, seemed to confirm Prout's idea.

24. J.A. Paris, *The Life of Sir Humphry Davy,* London, Colburn & Bentley, 1831, 471-472.

25. A. Desmond, *The Politics of Evolution : Morphology, Medicine and Reform in Radical London*, Chicago, University Press, 1989, chap. 1.

26. See my *Humphry Davy : Science and Power*, 5, 8, 71-72.

27. J. Morrell, " The Chemist Breeders ; the research schools of Liebig and Thomas Thomson ", *Ambix*, 19 (1972), 1-46 ; W.H. Brock, *Justus von Liebig : the Chemical Gatekeeper*, Cambridge, University Press, 1997, 37-71.

28. W.H. Brock, *From Protyle to Proton : William Prout and the Nature of Matter 1785-1985*, Bristol, Hilger, 1985, 91-108.

It was denounced for imprecision by Berzelius[29], as work done at the writing desk rather than the laboratory bench ; and it was Berzelius' analyses which were confirmed by Thomson's fellow-Scot, Edward Turner.

Thomson was little abashed, and continued writing textbooks, his journal *Annals of Philosophy* had been an important journal in the second decade of the nineteenth century ; it was eventually taken over in 1826 by *The Philosophical Magazine*[30]. In 1835, in conjunction with his son Robert, physician to a dispensary in Cripplegate, London, and lecturer in chemistry in a private medical school, he founded *Records of General Science*. It was published by John Taylor, a man of science with close connections to University College, London, the secular institution in Gower Street. This was a rather different world from Davy's ; though it included élite practitioners of science, it was closer to those editing *The Chemist* than were Davy and his associates.

This journal printed a series of papers on calico printing by Thomas Thomson, which have small samples of dyed cloth stuck to the pages as illustrations. The colours have faded or offset in a number of cases, but many are still bright and indicate what was available in the days before synthetic dyes[31]. Like Davy, Thomson began with Pliny ; but then moved rapidly on to modern times, noting his thanks to Walter Crum, a Glasgow calico-printer from whom he had got practical information. The papers show Thomson's skill as an author in making a subject clear, and in defining his terms carefully. Although a paper in the journal is taken up with an analysis of suicides and murders in Russia in 1821-1822, most of the articles there are chemical ; and the readers must have been expected to read about the chemistry of dyes without trouble. Most of Thomson's text is descriptive ; but as in Davy's work on tanning, giving a scientific rationale to technical practices, there is some chemistry such as " Two atoms of oxide of lead combine with one atom of chromic acid and thus produce the orange "[32]. Thomson's use of " atom " seems almost as loose to us as Davy's was ; but in this case it was a feature of the time, before the word " molecule " had come into general use. One could not, it is fair to say, hope to set up in the business of calico-printing on the basis of having read Thomson on the subject : his long paper, printed in three parts, was similar to an article in an encyclopedia rather than to a technical manual.

Thomson was thus not unlike Davy in having moved from the medical world, in his case writing textbooks to be used primarily by medical students, into the world of colours ; and he was essentially also an outsider, an alien in

29. The papers are reprinted in facsimile in D.M. Knight, *Classical Scientific Papers : Chemistry II*, London, Mills & Boon, 1970, section 1.

30. W.H. Brock and A.J. Meadows, *The Lamp of Learning : Taylor & Francis and the Development of Science Publishing,* London, Taylor & Francis, 1984, 82-84.

31. A. Nieto-Galan, " Calico Printing and Chemical Knowledge in Lancashire in the Early 19th Century : the Life and " Colours " of John Mercer, *Annals of Science*, 54 (1997), 1-28.

32. T. Thomson, " Calico Printing ", *Records of General Science*, 1 (1835), 327.

the universe of druggists and colourmen. In different ways, both of them had tried to connect the spheres of high chemistry, and of practice : using techniques of analysis to go back and forth across frontiers between pure and applied science, and between branches of practical chemistry. It was Thomson's model of chemistry as a science taught to large numbers of students which prevailed over that of Davy[33], who interested fashionable audiences, and trained his brother and Faraday in informal apprenticeships. Although industrial chemists like John Mercer achieved a position of importance and respect at the time of the Great Exhibition in the Crystal Palace in 1851, on the whole the gap between academic and applied chemistry remained large in Britain, science being opposed to mere practice[34] and the Chemical Society of London after 1877 being unable to contain both communities[35].

When he retired after fifty years at the University of Glasgow, the great physicist William Thomson, Lord Kelvin, said that one word characterized his career, and that word was " failure "[36] — he could not make sense of the æther. One cannot but warm to such a man ; though one should not be over-impressed by his unnecessary humility. We might have to conclude that Davy's invasions into the realm of drugs and dyes was also a failure. We should not be too surprised if it was so : his agricultural work, like Liebig's later, was of equivocal usefulness ; more miners died in the years after the lamp was invented than had before (though admittedly far more coal was being won), and his electrolytic process for protecting the copper bottoms of warships failed because of the adhesion of seaweed to the protected hulls. In due course, nitrous oxide did come into medical use, lamps were modified into thoroughly-reliable devices in all conditions, cathodic protection is a feature of modern times, and the analysis of pigments in old pictures has become a major business. Similarly, Thomson's direct contributions to pharmacy or dyeing seem to have been small. In the early nineteenth century at least, the, élite scientist could certainly be suggestive, but in the short term perhaps not much more helpful than that ; and ideas might go from the practitioner to the theorist as easily as the other way. But for achieving high status in Regency or Romantic England, or on into the Victorian period, there can be little doubt that making scientific discoveries was best, then being an active university professor, and then being a calico-printer.

33. D.M. Knight and H. Kragh (eds), *The Making of the Chemist : the Social history of Chemistry in Europe, 1789-1914*, Cambridge, University Press, 1998.

34. R.F. Bud and G.K. Roberts, *Science versus Practice*, Manchester, University Press, 1984.

35. C.A. Russell *et al* (eds), *Chemists by Profession : the Origins and Rise of the Royal Institute of Chemistry*, Milton Keynes, Open University, 1977, 113-157.

36. C. Smith and N.M. Wise, *Energy and Empire : a Biographical Study of Lord Kelvin*, Cambridge, University Press, 1989, 489.

Des " bleus " (de Prusse) au corps
Karel van Bochaute et son Mémoire inédit de 1775

Brigitte Van Tiggelen

Découvert incidemment, le bleu de Prusse fut d'abord adopté par les fabricants de pigments colorés destinés aux peintres, avant de devenir l'objet de la curiosité des chimistes. Plusieurs d'entre eux se proposèrent d'appliquer ce nouveau colorant d'origine animale aux textiles, et ce fut précisément cette intention qui motiva leurs recherches consacrées à la composition chimique de cette substance complexe ainsi qu'à l'élucidation du procédé d'obtention. Karel van Bochaute (1732-1793)[1], un chimiste des Pays-Bas autrichiens, se pencha lui aussi sur cette substance qui forme le sujet d'un mémoire inédit qu'il destinait à l'Académie des sciences de Paris.

En quelques pages manuscrites, il dresse l'état de la recherche sur la question et décrit ses propres expériences qui l'amènent à conclure que la couleur provient d'un principe colorant que l'on peut unir aux métaux autres que le fer. Convaincu de la nature animale de ce principe colorant, il propose d'envisager de nouvelles préparations médicales qui se servent de la nature animale comme véhicule des substances thérapeutiques auxquelles il serait combiné. En passant du colorant au médicament, van Bochaute choisit un chemin de traverse éloigné du déroulement connu de l'histoire du bleu de Prusse[2].

---

1. Sur Karel van Bochaute, voir G. Vanpaemel, " van Bochaute ", *Nationaal Biografisch Woordenboek*, XIV (1992), 55-60. Né à Malines en 1732, il étudie la médecine après avoir été apothicaire. Il devient professeur royal de chimie à la Faculté de médecine de l'Université de Louvain en 1773. Il est nommé académicien à l'Académie impériale et royale de Bruxelles en 1783. L'étude de ce personnage " secondaire " de l'histoire de la chimie forme l'objet de la thèse de doctorat de l'auteur.

2. Cette substance colorante a fait l'objet d'un survol historique : L.J.M. Coleby, " A History of Prussian Blue ", *Annals of Science*, 4 (1939), 206-211. Une histoire plus complète est en préparation en collaboration avec A. Nieto-Galan.

LE BLEU DE PRUSSE : DE L'ATELIER AU LABORATOIRE

Une recette technique ...

Au moment où van Bochaute se penche sur ce colorant, celui-ci a déjà suscité maints travaux et recherches. Le bleu de Prusse ou de Berlin doit son nom au lieu où ce colorant fut préparé pour la première fois, en 1704. Un fabricant de matières colorantes, Diesbach vint un jour à manquer d'alcali fixe (soude ou potasse, la différence entre les deux n'est pas encore clairement établie). Pour préparer un bain de cochenille, ce fabricant avait l'habitude d'extraire la cochenille avec de l'alun (sulfate double d'aluminium et de potassium), d'y ajouter du vitriol martial (sulfate de fer) et de précipiter le bain par l'addition d'alcali fixe (carbonate de potassium ou de sodium). Étant à court d'alcali donc, Diesbach en emprunta à Dippel (1672-1734) alchimiste itinérant alors fixé à Berlin, mais n'obtint pas le résultat escompté : pour la même quantité d'alumine précipitée qu'à l'habitude, la matière colorante extraite lui apparut moins foncée. Il voulut la concentrer et constata que la couleur virait progressivement au bleu profond.

Prévenu par Diesbach, Dippel ne fut pas long à se rendre compte que l'alcali prêté, ayant servi à distiller à plusieurs reprises son huile animale[3], en avait en quelque sorte emprunté certaines propriétés chimiques. Dippel trouva assez vite un procédé pour obtenir l'alcali de façon directe, et l'usage de ce bleu se répandit peu à peu chez les artistes. Cette substance est mentionnée pour la première fois dans les *Mémoires de l'Académie de Berlin* en 1710, sans toutefois indiquer le procédé d'obtention[4]. Ce procédé fut en effet tenu secret jusqu'à ce que Woodward (1665-1728) publie en 1724 une méthode de fabrication utilisée en Allemagne. La méthode est la suivante : du sang de bœuf mêlé à de l'alcali est calciné ; en y ajoutant une solution mixte d'alun et de vitriol vert (sulfate de fer), on obtient un précipité verdâtre qui tourne au bleu lorsqu'on le fait bouillir avec de l'esprit de sel (HCl)[5]. Peu de temps après cette publication, les savants démontrèrent que d'autres matières animales pouvaient être substituées au sang de bœuf. Brown utilisa la chair[6], et Geoffroy (1672-1731) la corne, la laine, etc.[7]

---

3. Fraction insoluble et visqueuse obtenue par distillation répétée de matières animales. On y découvrit plus tard des substances complexes telles que la pyridine, la méthylamine, l'éthylamine, etc. Par ébullition prolongée dans la potasse, il se produit un dégagement d'ammoniac.

4. *Miscellanea Berolinensia*, I (1710), 377 : *notitia cœruli Berolinensis nuper inventi*.

5. J. Woodward, " Preparatio Caeruli Prussiaci ex Germania missa ad Johannem Woodward ", *Philosophical Transactions*, 33 (1724), XXXIII et 15-17.

6. J. Brown, " Observations and Experiments upon the foregoing Preparation ", *Philosophical Transactions*, 33 (1724), XXXIII et 19.

7. E.-F. Geoffroy, " Observations sur la préparation du bleu de Prusse, ou de Berlin ", *Mémoires de l'Académie Royale des Sciences de Paris, 1725* (1727), (Histoire, ci-après h) 36 et (Mémoires, ci-après m) 222-226.

… difficile à expliquer

Dès les premières publications de chimistes sur le bleu de Prusse, se pose la question de savoir d'où provient cette couleur et s'il est possible de l'obtenir avec d'autres constituants. Dans son mémoire de 1724, Brown arrive à la conclusion que l'origine de cette couleur gît dans le fer[8]. Geoffroy l'aîné estime lui aussi que c'est le fer qui génère la couleur bleue du précipité[9]. Il élabore sa propre théorie : le bleu existe dans le fer, il est dû à une substance bitumineuse qui s'élève à la surface du fer lorsqu'on le chauffe modérément. Pour récupérer cette matière bleue, il faut la " diviser " et l'étendre par les alcalis ou les huiles. Il essaye ensuite d'autres matières mais remarque que le succès ne lui est assuré qu'avec les charbons animaux.

Vers la même époque, Stahl publie un modèle théorique pour rendre compte de la formation du bleu de Prusse. Le charbon contient une substance appelée phlogistique qui, combinée avec les chaux métalliques (les oxydes), forme les métaux : Stahl avait prouvé par ailleurs que ce phlogistique possédait une affinité pour les alcalis. Sur ces prémisses, Stahl conclut que lors de la formation de bleu de Prusse, l'alcali calciné avec la matière animale en extrait le phlogistique. Ce phlogistique se combine avec le précipité du fer, lorsqu'est ajoutée la solution de vitriol vert et forme ainsi la matière colorante[10].

L'abbé Menon, quant à lui, défendit l'idée que le bleu était la couleur " naturelle " du fer précipité. Cette conception de la couleur naturelle en tant que qualité plutôt qu'accident, très aristotélicienne, était depuis longtemps dépassée chez nombre de chimistes et n'eut pas d'écho[11]. Macquer par contre y reviendra : il entreprend en effet une analyse détaillée du bleu de Prusse et décide de ne rien laisser au hasard.

Transfert : de la peinture à la teinture

Jusqu'ici, le bleu de Berlin demeurait un pigment utilisé par les peintres. En teinturerie, les bleus étaient fournis par le pastel et l'indigo. Macquer, nommé superviseur des industries tinctoriales en France, attira l'attention sur le haut pouvoir colorant du bleu de Prusse[12]. Pour passer de la peinture à la teinture, Macquer doit résoudre plusieurs problèmes techniques qu'il exprime sous

---

8. J. Brown, " Observations and Experiments… ", XXIII et 19-24.

9. *Mémoires …, 1725* (1727), 33-38 et 153-172.

10. *Experimenta, Observationes, Animadversiones CCC Numero Chymicae et Physicae*, Berlin, 1731, 281.

11. Abbé Menon, " Mémoire sur le bleu de Prusse ", *Mémoires de Mathématique et de Physique […] par divers sçavans*, t. I (1750), 563-572 et le " Second mémoire sur le Bleu de Prusse ", *loc. cit.*, 573-592.

12. P.J. Macquer, " Mémoire sur une nouvelle espèce de Teinture bleue, dans laquelle il n'entre ni pastel ni Indigo ", *Mémoires …, 1749* (1753), (m) 257-258 et (h) 111-115.

forme d'une théorie de la teinture sur tissus[13]. Il montre entre autres qu'il est obligé de procéder à la teinture en plusieurs bains puisque le mordant utilisé est trop fort pour les étoffes. En 1756, dans ces mêmes *Mémoires*, J. Hellot présenta six méthodes différentes de préparation du bleu[14]. Des manufactures de bleu de Berlin virent le jour en France, en Angleterre et même à Bruxelles.

Parallèlement à cette contribution d'ordre technique, Macquer apporta aussi sa contribution à l'élucidation de la composition du bleu de Berlin. Il décide de procéder à la façon du " chimiste ", c'est-à-dire non en synthétisant le produit comme cela a été le cas jusqu'à présent, mais en l'analysant, en le décomposant[15]. Selon Macquer, le bleu est composé de fer et d'un " principe colorant ", de nature inflammable, qui peut être extrait par calcination. Il en établit la preuve de la façon suivante : tel quel l'aimant n'a aucun effet sur le bleu de Prusse, mais si on le calcine à feu ouvert, il redevient entièrement attirable. Le fer est donc intimement lié à une substance inflammable, qui " s'échappe " lors de la calcination. La matière colorante, aux propriétés inhabituelles pour une substance inflammable, possède une grande affinité pour les alcalis et se précipite en présence de fer.

Au terme de son *Examen chymique*, Macquer est capable d'expliquer le processus par lequel s'opère la précipitation du bleu de Prusse par le biais du concept des affinités doubles[16]. Il faut en effet le cumul de l'affinité du fer avec la matière colorante et de celle de l'acide pour l'alcali pour séparer la matière colorante de l'alcali avec lequel elle a une affinité très forte. Il explique enfin le rôle de l'alun dans la fabrication du bleu de Prusse : il " s'empare de la partie libre de la liqueur alcaline "[17].

Le fait que seul le fer semblait provoquer l'apparition de ce colorant fut à l'origine de l'utilisation de l'alcali prussien pour détecter la présence de fer. Marggraf, qui est à l'origine de cette utilisation analytique, l'employa entre autres pour analyser des eaux minérales[18].

Dans le premier supplément à l'*Encyclopédie*, Guyton de Morveau écrit deux articles qui sont en relation avec la question de la composition du bleu de Prusse : l'article " Bleu de Prusse ", qui n'apporte rien de bien neuf, et d'autre part l'article intitulé " alkali phlogistiqué "[19]. Au terme de plusieurs constatations, il arrive à la conclusion que le fer est combiné non avec du phlogistique pur mais avec du phlogistique lui-même combiné avec un " acide animal ".

13. *Ibidem,* (m) 255-265.

14. *Mémoires ..., 1756* (1762), (h) 53-60.

15. P.J. Macquer, " Examen chymique... ", (h) 79-85 et (m) 60-77. Il souligne l'originalité de sa démarche aux pages 61-62.

16. *Dictionnaire de chymie*, 2e éd., Paris, 1778, 76-77 et 322.

17. *Mémoires ..., 1752* (1756), (h) 84 et (m) 71-72.

18. Voir F. Szabadvary, *History of analytical chemistry*, Oxford, 1966, 56-57.

19. *Suppléments à l'Encyclopédie*, II, Paris, 1776, 233.

Van Bochaute, son contemporain, manifeste la même intuition dans son mémoire inédit sur le bleu de Prusse.

VAN BOCHAUTE : UNE THÉORIE ORIGINALE
POUR DES APPLICATIONS INATTENDUES

Une théorie de principes …

Bien qu'il n'en subsiste aucune trace dans le mémoire de K. van Bochaute, il semble bien que son intérêt pour le bleu de Prusse provienne d'un problème technique pour lequel il a dû intervenir en tant qu'expert. La tradition de l'industrie textile si bien ancrée dans les provinces des Pays-Bas autrichiens n'a pas entraîné l'éclosion de manufactures tinctoriales, la plupart des colorants étant importés des Pays-Bas du Nord. Néanmoins, de petites entreprises artisanales ont dû exister. Entre autres à Bruxelles, où le voisinage d'une fabrique de bleu de Prusse saisit le magistrat de la ville de plaintes quant aux émanations nauséabondes qui s'échappent de cette manufacture. Les médecins de la ville décrètent qu'il n'y a là aucun danger pour la population même si le magistrat note que l'odeur est incommode et infecte (calcination du sang de bœuf)[20]. On peut imaginer que la Faculté de médecine de Louvain ait été interrogée à ce sujet et que le collège étroit ait à son tour transmis le problème à van Bochaute, professeur royal de chimie à Louvain. Il s'agit là d'une hypothèse qu'aucune source n'a permis d'infirmer ou de confirmer, et qui est présentée pour telle.

Dans sa démarche, van Bochaute part tout d'abord de l'idée générale que la matière colorante du bleu de Prusse est tout simplement le principe colorant bleu. Il s'agit d'une conception très stahlienne où le phlogistique explique, en plus des phénomènes de calcination, de combustion et de fermentation, la coloration des substances. Le fer n'est donc plus à l'origine de la coloration bleue, ce qui semblait pourtant établi par les travaux précédemment publiés. Logiquement, le chimiste louvaniste tente de trouver des procédés qui permettent de " porter le principe colorant sur d'autres matières que le fer "[21]. Il décrit sur cinq pages ces bleus, qui ne peuvent, à la lumière de la chimie moderne, qu'être identiques. Pour comprendre ces résultats erronés, il existe plusieurs possibilités. Soit ses vaisseaux et instruments ne sont pas correctement lavés et il reste du fer qui s'unit à l'alcali prussien. Soit, comme l'affirme Baumé, les acides minéraux contiennent toujours un peu de fer en dissolution et ce fer est " révélé " par l'alcali. Mais, prévenu par le maître chimiste, van Bochaute prend soin, pour éviter d'être induit en erreur, de tester son acide avec l'alcali

---

20. Archives Générales du Royaume (ci-après A.G.R.), *Conseil Privé Autrichien, Cartons* (ci-après *C.P.A.C.*), 1165A.

21. Ce sont ses propres termes. A.G.R., *C.P.A.C.,* 1079A, " Mémoire sur le bleu de Prusse… ", 2.

du bleu de Prusse : comme il ne fournit que peu ou pas de bleu, il en conclut que ce n'est pas la très faible proportion de fer en dissolution dans l'acide qui peut expliquer l'apparition de la couleur bleue[22]. Enfin, il reste une dernière explication qui puisse rendre compte de ces résultats erronés, et c'est van Bochaute lui-même qui la fournit à la fin de son mémoire : l'alcali saturé du principe colorant du bleu de Prusse contient non seulement le principe colorant mais une partie du fer présent dans le bleu de Prusse. Mis en présence d'un acide suffisamment fort — il utilise en effet l'acide vitriolique, dans toutes ses expériences — l'alcali saturé est décomposé et restitue le bleu de Prusse. Il est assez paradoxal que ce réflexe critique qu'il a eu vis-à-vis des affirmations de Meyer[23] n'ait pas été appliqué à ses propres procédés ![24]

... pour des applications de principe

Toujours est-il qu'ayant " fabriqué " ces nouveaux " bleus ", van Bochaute s'arrête sans développer plus avant l'intérêt des nouveaux colorants. Tout au plus se borne-t-il à faire remarquer que les trois précipités bleus du mercure peuvent virer au pourpre si on leur ajoute une solution alcaline. Ce n'est donc visiblement pas la recherche technique qui motive son mémoire. Sans transition aucune, il expose d'ailleurs ses conclusions : la matière colorante est bien un principe puisqu'elle confère ses qualités aux substances auxquelles elle est unie. Cette union ne s'établit que grâce à des " intermèdes " — pour reprendre son expression — c'est-à-dire grâce aux affinités doubles décrites et expliquées par Macquer. Il s'agit bien d'une substance phlogistiquée, mais pas du phlogistique lui-même. Vu le procédé d'obtention du principe colorant de la lessive de sang, la substance inflammable en question tire certaines de ses qualités propres du " charbon animal "[25].

Ce principe est donc de nature animale, ce qui autorise van Bochaute à envisager des développements pratiques très éloignés du monde des colorants et des teintures dont provient le bleu de Prusse. Il imagine en effet de se servir de ses bleus mercuriels pour véhiculer le mercure doux ou corrosif dans le corps humain. A nouveau il fait montre d'une conception très stahlienne de l'affinité : les semblables s'attirent et la présence de principes identiques dans des substances différentes rend compte de la tendance qu'elles ont à s'unir.

22. *Ibidem*, 10-11.

23. Johann Friederich Meyer (1705-1765) est l'auteur de la théorie de l'*acidum pingue* qui explique la causticité au moyen d'une substance, l'acide gras, qui combine la matière du feu et un acide inconnu. Grâce à cet acide, il est en mesure de rendre compte de l'augmentation de poids accompagnant la calcination. C'est à l'œuvre qui expose cette vue théorique que van Bochaute fait ici référence, *Chymische Versuche zur näheren Erkenntniss des ungelöschten Kalchs*, Hannovre-Leipzig, 1764 et traduite en français par F.F. Dreux sous le titre *Essai de chymie sur la chaux vive [...]* en 1765.

24. " Mémoire sur le bleu de Prusse... ", 9-10.

25. *Ibidem*, 8.

Dans le cas présent, la matière inflammable animale qui constitue l'un des composés des bleus mercuriels assure l'assimilation du mercure — matière métallique — par l'économie animale qui caractérise le métabolisme humain. La formation initiale de van Bochaute, pharmacie puis médecine, pèse ici de tout son poids non tant dans la chimie qu'il développe mais dans la façon tout à fait personnelle qu'il a d'en tirer des applications utiles.

La vie en bleu

Les recherches de van Bochaute sur le bleu de Prusse furent de suite appréciées par Neny (1716-1784), un haut fonctionnaire qui l'encouragea vivement à soumettre un mémoire à l'Académie de Bruxelles[26]. Mais, dans la lettre qui accompagne le mémoire, van Bochaute se propose plutôt d'envoyer l'exposé de ses découvertes à Paris car plusieurs mémoires sur le sujet ont déjà paru dans leurs recueils[27]. Neny semble l'avoir détourné de ce projet en soulignant les faiblesses de style de son français ; il lui propose même d'envoyer le mémoire transcrit en latin[28]. Il ne semble pas que van Bochaute ait jamais envoyé son *Mémoire sur le Bleu de Prusse* à l'Académie de Paris[29].

Cela ne l'a toutefois pas empêché de poursuivre sa réflexion sur les principes colorants et la substance inflammable animale. Dans la table d'affinité qu'il dresse deux ans plus tard, il définit l'alcali prussien comme étant la combinaison d'alcali fixe et de phlogistique animal[30]. Il décrit très bien l'observation du gaz cyanhydrique " à l'odeur de fleurs de pêcher " dans son mémoire sur la substance animale[31]. En 1784, il reprend la question dans un mémoire sur le bleu de Prusse qu'il soumet à l'Académie de Bruxelles dont il est devenu membre puis, devant le manque d'enthousiasme, le retire peu après. On ne connaît de ce mémoire que le titre : *Mémoire sur différents corps des trois règnes de la nature qui donnent ou ne donnent pas le principe colorant à l'akali fixe pour la préparation du bleu de Prusse ce qui peut servir à faire*

26. A.G.R., *C.P.A.C.*, 1079A.

27. A.G.R., *C.P.A.C.*, 1079B.

28. A.G.R., *C.P.A.C.*, 1079B.

29. Vérification effectuée dans les procès-verbaux de l'Académie Royale des Sciences de Paris entre 1775 et 1785.

30. Sur la table d'affinité de van Bochaute, consulter B. Van Tiggelen, " Charles van Bochaute et son abrégé des affinités et combinaisons chimiques, 1777 ", *Nouvelles tendances en histoire et philosophie des sciences*, éd. par R. Halleux et A.-C. Bernès, Bruxelles, 1993, 187-202. La fig. 3 reprend la *Tabula Sexta* dont la cinquième colonne présente les affinités et combinaisons du phlogistique.

31. K. van Bochaute, " Mémoire sur l'origine et la nature de la substance animale ", *Mémoires de l'Académie impériale et royale des Sciences et des Belles-Lettres de Bruxelles*, IV, Bruxelles (1781), 33-45. Dans ce mémoire, van Bochaute opère la décomposition progressive du gluten. L'acide cyanhydrique qui est l'un des composants des glucosides s'échappe lorsque le gluten est suffisamment chauffé.

connaître la nature de ces mêmes corps[32]. Clairement, le principe colorant est devenu le moyen par excellence pour classer les substances qui le contiennent dans le règne animal. On verra même ces conceptions à l'œuvre dans les travaux sur l'air inflammable qu'il mène au même moment[33].

Le bleu de Prusse est devenu l'outil analytique par excellence pour détecter la présence de cette " substance animale " que traque le chimiste louvaniste. Un autre mémoire, une fois encore remis à l'auteur l'année suivante en 1785, était consacré à la *Matière colorante du Quinquina rouge*[34]. Il semblerait qu'après s'être penché longuement sur le principe colorant responsable de la coloration du bleu de Prusse, van Bochaute ait tenté d'étendre ses investigations aux autres matières colorantes en général. Le mémoire ayant disparu sans laisser ni commentaires ni rapport, aucune hypothèse plausible ne peut être formulée. Dans sa nomenclature de 1788 enfin, il rebaptise l'acide prussique et lui confère le nom de zoocyanoxe, le suffixe -oxe indiquant qu'il s'agit d'un acide, le préfixe zoo- que la substance est tirée du règne animal tandis que la racine -cyan- rappelle la couleur bleue prise lorsque l'acide est combiné au fer sous forme de prussiate de fer, ou zoocyanoxe de sydère, pour reprendre les termes de van Bochaute[35].

La suite de l'histoire du bleu de Prusse s'écrit en réalité sans van Bochaute. Après que Scheele eut décrit en 1782-1783 l'acide cyanhydrique, Berthollet conclut après analyse de l'acide prussique qu'il contenait du carbone, de l'azote et de l'hydrogène, et non pas de l'oxygène qui est pourtant le principe d'acidité dans la théorie de Lavoisier[36]. Un pas dans la compréhension des ferrocyanures est véritablement accompli en 1793 lorsque Proust établit que le fer existe dans deux états d'oxydation différents et que seul le fer " ad maximum " ou " suroxygéné " produit, lorsqu'il est mis en contact avec l'acide prussique, un prussiate bleu (il s'agit du fer III pour parler en termes de chimie contemporaine)[37]. Ceci l'amène à abandonner dès 1802 la théorie de l'acidité de

32. E. Mailly, *Histoire de l'Académie impériale et royale des Sciences et des Belles Lettres de Bruxelles*, II, Bruxelles, 1883, 138.

33. La vogue des aérostats motiva la quête d'un gaz plus léger que l'air. A Louvain, une équipe de trois professeurs, chargée de proposer une solution, fit la découverte du gaz de houille en 1783. Ceci donna lieu à une publication de J.P. Minckelers, *Mémoire sur l'Air Inflammable tiré de différentes substances*, Louvain, 1784. Voir aussi P.A. Jaspers et J. Roegiers, " Le mémoire sur l'Air Inflammable de Jean-Pierre Minckelers (1748-1824) ", *Lias*, X (1983), 218-252.

34. E. Mailly, *op. cit.*, II, Bruxelles, 145.

35. C. van Bochaute, *Nouvelle nomenclature chymique, étymologiquement tirée du grec [...]*, Bruxelles, 1788. Voir à ce propos B. Van Tiggelen, " La *Méthode* et 'les Belgiques'. L'exemple de la nomenclature originale de Karel van Bochaute ", *Lavoisier in European Context. Negotiating a New Language for Chemistry*, ss. la dir. de B. Bensaude-Vincent et F. Abbri, Canton, 1995, 43-77 (European Studies in Science, History and the Arts, I). A noter que cette dénomination en fait un précurseur de Gay-Lussac qui conféra le nom d'acide cyanhydrique à l'alcali prussien. J.L. Gay-Lussac, " Note sur l'acide prussique ", *Annales de Chimie*, 77 (1811), 128.

36. C.L. Berthollet, " Mémoire sur l'acide prussique ", *Mémoires ..., 1787* (1789), 148-162.

37. A. Nieto-Galan, " The French Chemical Nomenclature in Spain. Critical Points, Rhetorical Arguments and Practical Uses ", *Lavoisier in European Context...*, 182-183.

Lavoisier.

Le travail de van Bochaute sur le bleu de Prusse se situe à un moment critique de l'histoire de ce colorant et de sa décomposition chimique. En réalité, la chimie fut lente à comprendre un composé dans lequel les ions de fer trivalent sont dissimulés à leurs actifs habituels parce qu'ils apparaissent sous la forme d'ions complexes. Il faudra attendre la chimie de coordination, au début de ce siècle, pour fournir une théorie des ferrocyanures et de leurs composés[38].

Cette analyse du mémoire consacré par K. van Bochaute au bleu de Prusse montre le problème complexe auquel s'était attaqué le professeur royal de Louvain. La chimie qui retient véritablement son attention et qui mobilise ses compétences d'analyse est celle du vivant — le terme de chimie organique serait ici quelque peu anachronique. C'est en Stahlien convaincu qu'il décortique d'abord le problème, mais les notions de principe colorant et de phlogistique ne suffisent pas à expliquer le phénomène chimique. La méthode d'obtention de l'alcali phlogistiqué lui donne à penser que cet alcali contient non seulement du phlogistique mais aussi un " acide animal ". Cet alcali devient dès lors une caractéristique des substances chimiques du règne animal, et non plus une méthode analytique révélant la présence du fer.

En n'abandonnant pas la notion de principe, van Bochaute se prépare en quelque sorte à la nouvelle chimie où l'oxygène sera sacré principe d'acidité. Le passage de l'ancienne nomenclature et des conceptions stahliennes à la nomenclature nouvelle souligne la continuité remarquable dans la pensée de van Bochaute au sujet du bleu de Prusse. D'ailleurs la chimie de Lavoisier n'est pas plus efficace que la chimie phlogistique sur cette question, pas plus d'ailleurs que ne le seront les théories atomiques ou électrochimiques par la suite. En choisissant le bleu de Prusse comme l'un de ses premiers sujets de travail scientifique, Karel van Bochaute a choisi la voie la plus difficile, puisqu'il se heurte aux limites conceptuelles que même Lavoisier et ses émules n'arriveront pas à surmonter avant plusieurs décennies.

---

38. G.B. Kauffman, *Inorganic coordination compounds*, Londres-Philadelphie-Rheine, 1981.

COULEURS VÉGÉTALES ET " COLORIMÉTRIE "
DANS LE *JOURNAL DES PHARMACIENS DE PARIS*
AUX ALENTOURS DE 1800

Anne-Claire DÉRÉ

En plaçant notre étude aux alentours de 1800 notre objectif était à la fois de nous situer dans la continuité des travaux dirigés par Robert Fox sur les couleurs naturelles afin d'approfondir les interférences de la science chimique nouvelle sur les anciens savoir-faire, et d'aborder cette étude sous l'angle nouveau de l'histoire commune que partagent les colorants et les médicaments, sujets de ce symposium, en choisissant de nous situer dans le cadre du *Journal des pharmaciens de Paris*.

Premier organe de presse spécialisée au service des professions médicales et publié par la Société des pharmaciens de Paris — qui désigne depuis 1795, l'ancien collège des pharmaciens de Paris fondé en 1777 — ce journal est réparti en deux séries ayant pour titres successifs, de juin 1797 à novembre 1799 : *Journal de la Société des pharmaciens de Paris ou recueil d'observations de chimie et de pharmacie*, et de 1809 à 1814 : *Bulletin de pharmacie*. Malgré une interruption de dix ans, cette périodisation de part et d'autre de l'année 1800, loin d'être pour nous un handicap a été un élément en faveur de notre choix, dans la mesure où elle représente deux époques clefs — les lendemains de la révolution chimique et le moment de son triomphe à Arcueil — pour analyser une nouvelle fois les rapports existants entre théorie chimique et application pratique, à partir des couleurs végétales, telles qu'elles sont perçues et présentées par les pharmaciens, maîtres ès arts du médicament.

MÉDICAMENTS ET COULEUR, UN SOUCI CONSTANT CHEZ LES PHARMACIENS

Pour se persuader de l'ancienneté du lien qui existe entre la pharmacie et la notion de couleur, il suffit de se référer, par exemple, à la définition que donnent du mot " teinture " les dictionnaires d'alchimie, comme de chimie. Alors qu'un dictionnaire *Mytho-hermétique* de la fin du XVIIIe siècle associe la cou-

leur aux vertus des produits en remarquant que pour les alchimistes " La teinture ne signifie pas l'extraction de la simple couleur des mixtes, mais les
couleurs essentielles auxquelles sont adhérentes les vertus et les propriétés des
corps dont ces teintures sont extraites "[1]. Macquer, dans le sien, précise que :
" Ce nom se donne en chymie et en pharmacie à toutes les liqueurs spiritueuses
qui se sont chargées de quelques couleurs par digestion sur différentes
substances ; ce sont à proprement parlé des infusions dans les esprits ardents ;
[mais que] c'est aussi le nom que porte l'art de transporter sur les étoffes les
principes colorés "[2]. Association d'autant plus intéressante que Macquer, ne
l'oublions pas, est à la fois pharmacien, chimiste et directeur de la manufacture
de Sèvres.

L'intérêt des pharmaciens pour les couleurs étant double sous l'Ancien
Régime, il était normal que, dans un journal édité par leurs soins au lendemain
de la Révolution, cet intérêt se manifestât encore aussi bien du point de vue
des médicaments que du point de vue des colorants, avec toutefois, pensions-
nous, une dominance marquée pour le premier thème. Dans l'exercice de sa
profession, la couleur est en effet, pour tout pharmacien, la caractéristique
même du médicament. Elle est en quelque sorte son identité et, conséquemment, la garantie de la bonne composition du médicament, d'où l'importance
de la " bonne couleur " et de la constance de ce thème dans les deux séries du
journal.

Dans la première, en 1797, Demachy[3], reconnaît d'entrée de jeu, l'importance, et même l'obligation de la bonne couleur du médicament comme un
besoin d'usage, sans relation avec une quelconque réflexion scientifique : " S'il
fallait discuter les inventions des inventeurs de la plupart des préparations
pharmaceutiques ", écrit-il, " je doute qu'on les trouvât toujours d'accord avec
la saine physique. Mais n'humilions personne, pas même les défunts, et
croyons que de nos jours, ainsi que tous les temps, une sorte de préoccupation
a présidé à ces productions de l'Art. Il en est ainsi, surtout, parmi celles desti-
nées aux besoins extérieurs de l'humanité souffrante, qui doivent porter une
couleur caractéristique ; cette couleur verte, qui appartient à tous les végétaux "[4].

Conséquemment, tout, depuis leur mode de préparation jusqu'à certaines
falsifications telles que l'ajout de verdet gris ou d'épinards pour redonner à un
produit vieilli ou mal fait la couleur adéquate, organise les pharmacopées
autour du problème d'une perte possible de la couleur adéquate par vieillissement.

1. H.J. Pernety, *Dictionnaire Mytho-hermétique*, Paris, Delatain aîné, 1787, 482.

2. Macquer, *Dictionnaire de chymie*, Paris, Lacombe, 1766, 546.

3. " Sur quelques préparations pharmaceutiques colorées par la fécule verte des plantes par le
citoyen Demachy ", *Journal de la Société des pharmaciens de Paris*, 1787, 101-103

4. Demachy, " Sur quelques préparations... ", *op. cit.*, 101.

C'est d'ailleurs une nouvelle solution que Demachy présente en faisant appel, sinon à la " saine physique ", du moins, de façon indirecte, à certains des résultats qu'elle a permis d'obtenir notamment à partir des réflexions que se sont faites certains chimistes sur la fabrication de l'indigo. La fermentation dans des cuves ayant pour but essentiel de séparer la fécule tinctoriale bleue en la précipitant et de laisser surnager une eau fortement colorée en jaune, les indigotiers ont pensé que le vert de l'indigo était formé de deux produits colorants, l'un jaune et l'autre bleu, dont l'addition donnait du vert. Fort de cette théorie, confirmée par une expérience pratique, Demachy, préconise donc de suppléer à la déficience de couleurs des préparations vertes en leur ajoutant un peu d'indigo bleu et de safran jaune.

Quelques dix ans plus tard, dans la seconde série, la traduction d'un article en allemand de Goettling[5], montre non seulement que la bonne couleur des médicaments est une préoccupation partagée par les pharmaciens bien au-delà des frontières de l'hexagone mais qu'en Allemagne, ce qui n'était en France qu'un impératif commercial est une obligation telle que tout manquement est répréhensible par la loi. Ainsi le code de la médecine, dans la principauté de Hesse, précise : " Comme on est souvent obligé de faire répéter la même prescription médicinale, et qu'alors on a observé que le même médicament n'avait point toujours la même couleur, ni le même goût, le pharmacien paiera deux écus d'amende toutes les fois qu'on remarquera une de ces différences "[6].

Une telle menace est évidemment un bon moyen pour obliger les pharmaciens à chercher ce qui motive ces variations jugées condamnables, surtout que " des phénomènes inconnus, et jusqu'à ce jour inexpliqués peuvent également compromettre le pharmacien ", notamment le gaïac qui mêlé à de la gomme arabique avec du sucre et de l'eau donne des lochs plus ou moins bleus[7] " Peut-être s'était-il établi, pendant la manipulation un commencement de fermentation et d'acidification ", remarque Goettling rapprochant le phénomène avec une oxydation puisqu'on " sait que les acides communiquent à la résine de gaïac une teinte bleuâtre "[8]. Cette observation qui est déjà un premier pas vers ce que l'on sait être effectivement la cause du changement de couleur du gaïac, aujourd'hui, est immédiatement commentée par le pharmacien Boulay qui fait remarquer que les changements de couleur présentés par les préparations de teinture de gaïac et de gomme arabique, ressemblent beaucoup au bleuissement de certains élixirs odontologiques mis au contact de la salive. Bien que l'explication donnée par Boullay soit inexacte, puisqu'il suppose que

---

5. " On ne doit pas toujours imputer à l'inexactitude du pharmacien les différences de couleur, d'odeur et de saveur, que peuvent présenter les préparations réitérées d'un même médicament composé " (extrait et traduit de l'allemand du *Manuel de Pharmacie* du professeur Goettling de Jena), *Bulletin de pharmacie*, 1809, 219-224.

6. Goettling, " On ne doit pas toujours... ", *op. cit.*, 219.

7. *Idem*, 221.

8. *Idem*.

" c'est à l'albumine contenue dans la salive que l'on peut attribuer l'effet mer-
veilleux de ces élixirs "[9], on peut considérer que sa remarque sera précieuse
quand des chimistes comme Payen et Persoz auront compris le rôle que les
diastases jouent dans l'oxydation.

Néanmoins, pour présentes qu'elles soient dans l'esprit des pharmaciens, les
théories chimiques et physiques ne sont pour eux que des références qui ne
suppléent en rien à l'observation et à l'usage. Le mémoire de Virey[10], en est la
preuve. Alors que jusqu'ici la bonne couleur d'un médicament était surtout
imposée par l'habitude ou par la loi, Virey tente de justifier le bien fondé de
cette exigence, en reliant la couleur des plantes à leur activité médicamen-
teuse : " Ce qu'on a point remarqué ", écrit-il, " c'est que chaque couleur des
fleurs ou d'autres parties d'un végétal est souvent le caractère propre de quelque principe dominant ; avec le changement de couleur, ce principe ou la propriété médicale qu'il porte avec lui change et s'altère dans la même
proportion "[11].

En fait la réflexion est surtout le résultat d'associations d'idées où se mêlent
des connaissances traditionnelles fruits d'une longue pratique, comme le
rouge-brun des quinquina qui est effectivement fébrifuge, ou le blanc de la gui-
mauve réputée émolliente, ou encore l'idée d'amertume associée au jaune couleur de la gentiane ; mais aussi des impressions beaucoup moins justifiées,
comme les vertus négatives attribuées aux drogues noires qui sont nauséeuses,
et stupéfiantes, à moins qu'agissant sur le système nerveux elles ne soient à
l'origine de la mélancolie qu'Hippocrate attribuait à la bile noire. L'interprétation du rouge et du bleu est par contre inspirée par la réaction analytique révé-
latrice des acides et des bases. " Le rouge est en effet dans le végétal le
caractère presqu'universel de l'acidité. L'on sait même que les acides ont la
propriété de faire tourner au rouge plusieurs nuances des végétaux surtout les
couleurs bleues. De là vient que des fleurs bleues passent si fréquemment du
rouge au bleu selon que l'acidité ou l'alcalinité prédominent "[12].

Remarque qui tout en restant du domaine de la stricte observation, n'en est
pas moins parfaitement exacte. Le pH, on le sait aujourd'hui, a beaucoup plus
d'influence sur les changements de couleurs présentées par les anthocyanines
des fleurs et des fruits que n'en ont les substitutions qui se produisent sur le
noyau flavonoïde de ces hétérosides.

Cependant, si dans l'exercice de leur métier, l'obligation de la " bonne
couleur " conduit les pharmaciens à réfléchir sur la cause des colorations prises
ou acquises par les médicaments, cette réflexion fait encore appel indifférem-

9. *Idem*, 225.

10. " Considérations sur les couleurs des médicaments simples du règne végétal comme indice
de leurs propriétés " par M. Virey, *Bulletin de pharmacie*, 529-545.

11. Virey, " Considérations... ", *op. cit.*, 530.

12. *Idem*, 536.

ment à des connaissances empiriques, botaniques ou chimiques et ne nous permet guère d'affirmer que la révolution chimique a profondément changé la manière d'agir des pharmaciens. Pour en savoir plus, il nous a paru nécessaire de dépasser le thème de la bonne couleur du médicament et d'élargir notre investigation à l'ensemble des articles portant sur les couleurs végétales quel que soit leur usage.

Le relevé systématique de ces articles dans les deux séries du *Journal de la Société des pharmaciens de Paris*, devait nous réserver une double surprise : loin de s'infléchir au cours de la seconde période, leur nombre augmente au contraire (graphique 1), comme si, à l'époque où s'annonce le déclin de la " quête des lois " instaurée par les théoriciens d'Arcueil Laplace et Berthollet, les praticiens, que sont depuis toujours les pharmaciens, trouvaient un nouveau souffle ou un nouvel espoir pour reconquérir la place qu'ils occupaient sous l'Ancien Régime, quand, alors uniques chimistes professionnels, ils s'étaient vu confier la direction des manufactures royales. Ce double rôle les incitait naturellement à se soucier des couleurs végétales dans le cadre de leur profession, comme dans celui de leur utilisation pour les arts.

Mais s'il était naturel qu'à cette époque Hellot, Macquer, Baumé, puis Berthollet, tous membres du corps médical, aient pris le temps de publier des manuels sur l'art de la teinture, plus étonnant est de constater que l'analyse comparative du pourcentage respectif, dans les deux séries, des articles sur la couleur dans son usage médical et en tant que colorants, indique une curieuse inversion (voir graphique 2). Alors que dans la première série l'étude de la couleur, consacrée principalement à un débat sur le sirop de violette, concerne essentiellement les médicaments (plus de 62%) et que le thème des colorants pour les arts n'intéresse que trois mémoires, dont deux présentés par le citoyen Dupont, pharmacien, mais aussi peintre amateur et soucieux de se procurer des couleurs de bonne qualité[13], et un sur le bleu de Prusse par Proust[14], ce thème apparaît comme le plus traité, et représente près de 74%, dans la seconde série, avec notamment six mémoires sur le pastel et quatre sur d'autres colorants végétaux (santal, campêche et orcanette). Une telle constatation ne pouvait évidemment pas nous laisser indifférente.

UNE TECHNIQUE QUALITATIVE À L'ÉPREUVE DE LA THÉORIE CHIMIQUE :
LE DÉBAT SUR LE SIROP DE VIOLETTE (1797-1799)

Dans la première période éditoriale, l'intention affichée par les rédacteurs, tous proches collaborateurs ou tout au moins disciples de Lavoisier " de servir

---

13. " Extrait d'un moyen d'obtenir une couleur jaune, par le citoyen Dupont, pharmacien de Paris ", 40 et " Extrait d'une lettre du citoyen Dupont sur une laque violette ", *Journal de la Société des pharmaciens de Paris*, 124-125.

14. " Extrait des recherches de M. Proust sur le bleu de Prusse ", *Journal de la Société des pharmaciens de Paris*, 13-16.

de suite aux *Annales de chimie* " interrompues en 1794 après la mort du Fermier général, jointe à la présence d'un véritable débat autour du sirop de violette, indicatif colorimétrique très usité par les pharmaciens, nous semblait un excellent objet pour étudier le passage de la chimie basée sur des critères organoleptiques à une science quantitative.

Pour beaucoup d'historiens des sciences, en effet, Lavoisier est non seulement celui qui a compris le rôle chimique de l'oxygène, mais plus encore celui qui a introduit la notion de mesure en chimie. C'est cette notion que nous avons voulu symboliser par le mot " colorimétrie ". La mesure dans ce cas étant aussi bien celle de la couleur elle-même (colorimétrie au sens propre) que l'intensité d'une qualité (acidité ou basicité) mise en valeur par un changement de couleur (ce qui correspond pour nous à la titrimétrie)[15].

Réactif analytique connu au XVIIIe siècle pour déterminer le caractère acide des substances en passant alors du bleu au rouge, le sirop de violette a évidemment provoqué chez certains auteurs le souci d'expliquer la variation de sa couleur en faisant appel aux théories de la chimie moderne.

L'importance que revêt " ce réactif précieux, le seul sur lequel on puisse réellement compter relativement à l'emploi de cette espèce de sirop pour les expériences délicates de chimie relatives aux altérations de couleurs que les acides font naître de cette matière colorante "[16], implique plus que jamais l'obtention d'une couleur toujours identique et toujours bien conservée. Or, une expérience des plus empiriques a prouvé que le sirop comme la teinture de violette — dont l'intensité du bleu dépend de la maturité des violettes utilisées, mais aussi de son vieillissement — reprenait la nuance désirée chaque fois qu'on le faisait séjourner dans des vases d'étain. Cette recette bien connue et appliquée jusqu'ici sans commentaire, semble pour la première fois être susceptible de recevoir une explication à la lumières des théories chimiques nouvelles et c'est ce qui incite les pharmaciens à en débattre dans leur journal.

Dans le droit fil de la logique lavoisienne, Berthollet, dans son *Art de la teinture*, a attribué la perte de la couleur bleue du sirop de violette à la formation d'un acide que l'étain, légèrement oxydé en oxyde d'étain, pourrait neutraliser en formant un sel neutre, et restituer ainsi au sirop sa couleur primitive[17]. C'est sur cette supposition que se fondent les nouvelles hypothèses émises par les différents auteurs.

15. Ces deux idées ne pouvant donner lieu, bien entendu à cette époque, qu'à des tentatives de mesure qui n'ont rien à voir avec celles d'aujourd'hui, mais qui, néanmoins, ont dû, ou ont pu, faire appel aux théories dont Lavoisier venait de démontrer le bien fondé.

16. " Observations chimico-pharmaceutiques sur la teinture aqueuse et le sirop de violette ", *Journal de la Société des pharmaciens de Paris*, 1797, 19.

17. " Il y a des fleurs dont la couleur paraît naturellement modifiée par un acide très faible, sans être décidément rouge ; telle est la fleur de violette, dont le suc violet devient bleu, lorsqu'on le laisse séjourner quelques temps dans un vase d'étain, probablement parce que l'acide qu'il contenait se combine avec la partie oxidée qui se trouve à la surface de l'étain... ", Berthollet, *Elémens de l'Art de la teinture*, an XIII (2e éd.), Didot, note 3, p. 67.

Le premier, Guyton, qui n'est pas pharmacien mais publie néanmoins dans le mensuel dont son ami Fourcroy est le rédacteur, décide d'élargir le problème à toute une série de couleurs végétales mises en contact avec les différents oxydes métalliques. C'est ainsi qu'il remarque que le suc acide de cerise donne un beau violet avec l'étain, mais qu'il reste rouge avec le cuivre et que l'oxyde de zinc après ébullition devient gris. La vérification de l'hypothèse de Berthollet ne fait pas perdre pour autant à l'ex avocat-manufacturier de Dijon son sens de la pratique et après avoir confirmé " que l'étain, le fer, le plomb, le bismuth, l'antimoine, le zinc en restituant la couleur des violettes, en en faisant passer les couleurs rouges au violet, ne font que reprendre par l'affinité, l'acide qui les faisait tourner au rouge ", il note " que de tous les oxides métalliques qui s'emparent et retiennent ce principe colorant, l'oxyde de tungstène a sur les autres un avantage décidé et peut former pour la peinture, des laques précieuses par leur inaltérabilité à l'air "[18].

C'est cependant Dubuc, un pharmacien de Rouen, beaucoup moins connu que Guyton, qui va oser aller beaucoup plus loin dans la démonstration, en cherchant à isoler l'acide particulier qui se développe et que les oxydes métalliques éliminent. " Bien convaincu de l'existence d'un acide dans la teinture de violette (décolorée) et dans le sirop qui en résulte, et en réfléchissant sur les affinités chimiques, j'ai été conduit naturellement à d'autres expériences et j'ai pensé que les trois alcalis doivent s'emparer de cet acide et rétablir, comme l'étain, la couleur bleue dans ces teintures et dans les sirops de violette décolorés "[19].

L'intérêt de sa démonstration est pour nous d'autant plus grand qu'elle fait appel pour la première fois à une méthode de titrimétrie avec des indications quantitatives : " Dans 18 décagrammes 545 (6 onces) de teinture de violette des bois, préparée dans un vase de faïence et saturée complètement, j'ai ajouté deux gouttes de potasse carbonatée, j'ai agité et je me suis aperçu que la teinte rouge disparaissait au fur et à mesure que la couleur bleue augmentait. J'ai été jusqu'à six gouttes de liqueur de potasse qui ont suffi pour neutraliser complètement cet acide ; j'ai vu avec le plus grand plaisir que la liqueur avait perdu sa couleur rouge et était devenue d'un bleu superbe. Si on ajoute une surabondance d'alcali, alors cet agent devenu libre reprend ses droits et verdit la couleur bleue[20] "

Après avoir isolé l'acide qu'il nomme " Violacique ", en le précipitant par la chaux et le libérant par l'acide sulfurique, et après avoir prouvé que cet

---

18. " Extrait des recherches sur la matière colorante des végétaux : leur altération par l'étain et les autres substances métalliques ; nouvelle méthode de former des laques plus solides par le citoyen Guyton ", *Journal de la société des pharmaciens de Paris*, 1797, 68.

19. " Remarques chimico-pharmaceutiques tant sur la teinture que sur le sirop de violette et sur l'acide qui le colore en rouge violet... par le citoyen Dubuc l'aîné, pharmacien à Rouen ", *Journal de la Société des pharmaciens de Paris*, 215.

20. *Idem*, 217.

acide remis dans la teinture de violette " dérougie " par la chaux, lui rendait sur le champ sa couleur primitive rouge violet, il entreprend d'interpréter la cause du développement de cet acide dans la teinture et le sirop de violette en faisant appel à la théorie de Lavoisier. Selon lui, l'acide se forme par décomposition de l'eau présente dans la teinture comme dans le sirop car, remarque-t-il, " si on remplit exactement un flacon de cristal de teinture de violette, cette liqueur s'altère en moins d'un mois, elle commence à rougir, puis pâlir et devient presqu'incolore. Dans cet état elle exhale une odeur très désagréable qui se rapproche beaucoup de celle de l'hydrogène. Ne peut-on en induire qu'il y a décomposition de l'eau ? d'où proviendrait [sinon] l'odeur de gaz hydrogène ? "[21]

Pour discutable que soit cette démonstration olfactive, elle n'en est pas moins une tentative intéressante pour essayer d'interpréter par les théories de la chimie moderne, des réactions d'autant plus complexes que les couleurs sur lesquelles travaillent les pharmaciens appartiennent toutes au règne végétal, et que Berthollet lui-même, pour disciple inconditionnel qu'il soit et de Lavoisier et de Newton, a reconnu que ni la séduisante théorie physique du second, ni le rôle chimique de l'oxygène mise en évidence par le premier, ne pouvaient donner des réponses satisfaisantes aux phénomènes observés sur les couleurs végétales.

LES COLORANTS SOURCES D'UNE NOUVELLE MÉTHODE POUR L'ÉTUDE DES MÉDICAMENTS

Si l'importance des publications sur les colorants utiles aux arts, dans la seconde série du journal, répond assurément à une préoccupation économique cherchant à orienter l'industrie française vers une indépendance nouvelle, tant vis-à-vis des drogues exotiques que des productions européennes, telle que Chaptal l'a décrite dans son livre *De l'Industrie française*, en 1818, la seconde mobilisation des pharmaciens sur les colorants indigènes ne ressemble en rien à celle qu'ils avaient connue en 1794. Il ne s'agit pas d'un appel aux maîtres ès chimie qu'ils étaient alors, mais bien plutôt d'une disponibilité généreuse qui les pousse une nouvelle fois à se rendre aux sollicitations de l'État. Les recherches et les réflexions sur le pastel qu'ils publient dans leur journal sur l'extraction de son indigo préconisent le plus souvent un transfert technologique, grâce aux observations que des membres de la commission des arts en Égypte, tel Rouyer, ont été amenés à faire, durant leur séjour[22]. C'est donc plus en tant que praticiens qu'en théoriciens qu'ils se placent.

---

21. *Idem*, 218.
22. " Notice sur le pastel par MM. Boudet oncle, ancien pharmacien en chef de l'armée d'Orient et Rouyer pharmacien ordinaire de Sa Majesté, tous deux de la commission des arts en Égypte ", *Bulletin de pharmacie*, 208-211.

De fait, la révolution chimique, dont ils revendiquaient l'héritage dans la première série du journal, représente pour les pharmaciens investigateurs des drogues organiques, une véritable rupture dont rend compte l'article de Cadet de Gassicourt qui fait la 'une' du premier numéro du *Bulletin de pharmacie*, en janvier 1809 : " Avant que les sciences naturelles et physiques, en se soumettant à la méthode analytique qui rend aujourd'hui leur étude si facile et leurs progrès si rapides, aient eu chacune un domaine particulier et des limites tracées, elles étaient toutes confondues dans la pharmacie. Il n'y avait de chimistes, de naturalistes que les pharmaciens ou les médecins qui s'occupaient de pharmacie... [Mais] Lorsque Lavoisier, Priestley, Berthollet, Guyton, Fourcroy et Chaptal renversèrent l'ancien édifice de Stahl [*sic*] pour y substituer le temple élégant et solide de la chimie moderne, il fut aisé de sentir que cette science prenait un si grand essor qu'elle allait se séparer de la pharmacie... "

A tel point même que Cadet conclut non sans une certaine amertume : " Il faut en convenir, la ligne de démarcation est si distincte aujourd'hui que la pharmacie, pour bien des gens n'est plus qu'une manifestation plus ou moins adroite et qui pourrait être regardée comme indépendante des sciences qui l'éclairent. C'est un art pour certains, mais un art qui est resté stationnaire "[23].

Toutefois, la constatation d'une certaine mise à l'écart au moment où se professionnalise la chimie et l'attitude prudente observée par les pharmaciens est plutôt qu'un renoncement, la conséquence de la perception d'un besoin, celui d'une méthode de recherche autre que l'analyse élémentaire base de l'équation de Lavoisier. Une méthode plus adaptée aux difficultés et notamment à la fragilité des composés organiques. " L'analyse des principes immédiats des végétaux est encore très éloignée de la perfection de l'analyse minérale. Dans celle-ci on a de grands avantages sur les premiers ; on peut comparer la somme des produits avec la quantité de matière qu'on a examiné. [...] Dans l'analyse végétale au contraire, il n'y a qu'un très petit nombre de cas où la balance puisse assurer que les produits sont égaux au poids de la matière analysée, par conséquent il est difficile d'avoir toujours la certitude que l'on a obtenu tous les principes immédiats de cette matière "[24].

Celui qui analyse le problème de ce qu'il nommera " l'analyse organique immédiate " avec une telle lucidité n'appartient pas directement à la profession. Michel Eugène Chevreul est en fait le fils d'un chirurgien d'Angers et surtout l'élève de Nicolas Vauquelin apothicaire et même médecin. C'est en effet dans le laboratoire du Muséum d'histoire naturelle où Vauquelin occupe la chaire de chimie, que le jeune chimiste angevin âgé d'une vingtaine

23. Cadet de Gassicourt, " Considérations sur l'état actuel de la pharmacie ", *Bulletin de pharmacie*, 1.

24. " Examen chimique des feuilles de pastel et du principe actif qu'elles contiennent par M. Chevreul ", *Bulletin de pharmacie*, 258.

d'années[25] va découvrir la solution du problème en travaillant, non pas sur les drogues de la pharmacopée, mais sur les matières colorantes exotiques contenues dans l'indigo et les bois de Campêche et du Brésil. Présenté à l'Académie en 1810, soit quatorze ans avant la publication des *Considérations générales sur l'analyse organique et sur ses applications*, ce travail en est déjà le prélude et ouvre effectivement une ère nouvelle pour les chimistes organiciens, avec une méthodologie propre à la chimie des êtres organisés et par conséquent à celles des médicaments, issus pour la plupart du règne végétal. Ce qui motive le commentaire fait par le présentateur de ce mémoire, dans le *Bulletin* : " Chevreul avant d'entrer en matière, prouve par une suite de raisonnements et d'observations combien il serait intéressant pour les arts que la chimie s'occupât de rechercher les matières colorantes des végétaux et la nature des principes colorants qui les forment ; il se pose lui-même des bases sur lesquelles ce genre de travail pourrait être entrepris, il indique le meilleur mode à suivre et annonce qu'il va faire l'application de ces vues à l'analyse du bois de campêche, en parlant d'abord de son analyse et ensuite du principe colorant qui imprime ses propriétés caractéristiques "[26].

Ces bases reposent essentiellement sur une constatation : à l'extrême fragilité des substances organiques s'ajoutent l'incertitude toujours présente de n'avoir pas isolé 'le' principe immédiat mais un mélange ou une combinaison de ces principes. " Si bien qu'en conséquence la première chose qu'on devait faire, avant d'établir une sorte de principe immédiat, était d'obtenir ce principe isolé de tout autre ". Et Chevreul d'insister : " C'est pour avoir négligé ces considérations que l'on a pris des propriétés appartenant à des combinaisons pour des être réels, et qu'aux difficultés naturelles de la chimie végétale, il s'en est joint d'autres qui ont beaucoup augmenté les premières "[27].

Pour être pour la première fois clairement posé, le problème n'est pas pour autant résolu. Néanmoins, cet énoncé a le mérite de guider la recherche vers des solutions, qui loin d'être nouvelles, font appel à des techniques connues et même enseignées depuis longtemps au cours des études pharmaceutiques : l'extraction fractionnée par des solvants appropriés ; la détermination des caractères spécifiques pour identifier " l'espèce chimique " et la classer de la même façon que l'on en use avec les " espèces végétales " en botanique, ou " animales " en zoologie ; enfin, et seulement en dernier ressort, le recours aux connaissances de la chimie moderne, qui par combustion totale du composé chimique isolé, et non plus d'un mélange ou d'une combinaison, permet d'établir la composition élémentaire du principe immédiat, sans pour autant le con-

25. Michel Eugène Chevreul, qui mourra plus que centenaire en 1889, est né a Angers en 1786. Les premiers travaux qu'il publie sur les matières colorantes s'échelonnent entre 1806 et 1811 et précèdent par conséquent ses recherches sur les huiles qui ont fait sa célébrité (1813-1824).

26. " Extrait d'un mémoire de M. Chevreul sur le bois de campêche et sur la nature de son principe colorant ", *Bulletin de pharmacie*, 546.

27. *Idem*, 258.

fondre avec les substances isomères qui, bien qu'ayant la même formule élémentaire, présentent des propriétés différentes et appartiennent par conséquent à d'autres " espèces chimiques ".

C'est cette méthode qui permettra aux pharmaciens d'isoler et caractériser la nature du principe actif des drogues qu'elles soient colorantes comme le santal et l'orcanette, ou médicinales, comme les quinquinas et le pavot. Faut-il s'étonner alors si M.E. Chevreul, devenu à son tour professeur et même directeur du Muséum d'histoire naturelle, verra affluer dans son laboratoire, les plus brillants élèves de l'École de pharmacie de Paris[28] et que ce soit sous sa houlette qu'aient été isolées l'émétine de l'ipéca en 1817 par Pelletier, la strychnine de la noix vomique en 1818 par Pelletier et Caventou qui renouvellent leur exploit avec la brucine l'année suivante et, en 1820, parviennent à extraire la quinine du quinquina ?

ANNEXES

1. Nombre d'articles sur les couleurs figurants dans les deux séries du *Journal de la Société des Pharmaciens* de Paris.

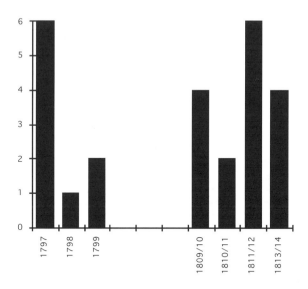

28. Des travaux sont en cours sur ce sujet au Centre François Viète, (laboratoire d'histoire des sciences et des techniques de l'Université de Nantes).

2. Répartition des articles entre médicaments (blanc) et colorants (grisé) dans la première série du *Journal*.

1797/99

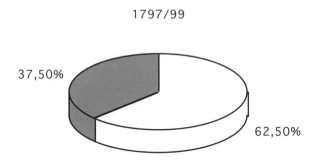

3. Répartition des articles entre médicaments (blanc) et colorants (grisé) dans la deuxième série du *Journal*.

1808/14

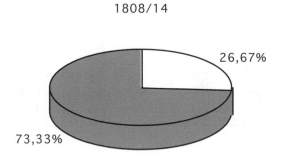

THE SPANISH PHARMACY
BEFORE THE INDUSTRIALIZATION OF MEDICAMENTS
THE STRUGGLE FOR THE PROFESSIONAL SURVIVAL

Raúl RODRÍGUEZ NOZAL

The central decades of the 19th century constitute one of the most troubled, confused and changing times for the history of the Spanish pharmaceutical profession.

To try to understand this important period of crises and change in the professional pharmacy community, it is necessary to link it to a series of scientific landmarks, developed during the last years of the 18th century and the first half of the following century, directly related with the medicament ; particularly, we refer to four events that, to the long one, would be of capital importance for the pharmacy in its two main sides, professional and scientific : first the introduction of modern Chemistry, secondly the birth of the Pharmacology, thirdly the extraction of alkaloids and other present substances in vegetables and fourthly the elaboration of synthetic medications as a consequence of the development acquired by Organic Chemistry.

SCIENTIFIC PROGRESS AND LOSS OF IDENTITY : THE MEDITERRANEAN PHARMACY CRISIS DURING THE CENTRAL DECADES OF THE 19th CENTURY

The immediate consequence of the scientific progress would imply a bigger therapeutic systematisation and a better rationalisation of the healing resources, that is to say, the individualized treatments begin to be abandoned, when obtaining a bigger effectiveness in the relationship : illness origin / healing this one, what could take implicit the possibility of elaboration to great scale ; also, not all illnesses or ailments would be treated systematically with drugs, consequently the number of prescriptions would decrease considerably ; and, finally, the scientific divulgation would facilitate the transmission of certain basic knowledge of hygiene and preventive medicine that, when they were incorporated to the population habits of life, would cause a considerable decrease in the consumption of drugs[1]. All these circumstances affected directly pharmacists who saw as they were losing progressively their monopoly as manufacturer of medications and scientific authority in this matter ; under these conditions, apothecaries were not an indispensable profession any more and their social prestige began to disappear[2].

This context favoured the peak of the drugstore trade, establishments transformed in indispensable for pharmacists, since they were the main sellers of raw materials to elaborate medicines, some of them coming from the nascent chemical industry. The success of these establishments resided in their capacity to acquire the products at a very low price, thanks to its wholesale acquisition, in their complicity in the new industrial drugs and in a certain degree of historical opportunism, when filling the hole left by the Pharmacy at the beginning of the 19th century, that did not have any modesty in rejecting " the drugstore and elaboration of medicinal products of the confectioner perfumer and distiller's arts, integral parts of its profession "[3] in search of a supposed ennoblement of his activities.

By the middle of the 19th century, Pharmacy began to be a useless discipline, lacking of sense or practical utility, being at the mercy of druggists and makers of chemical-pharmaceutical products, their intermediaries and, at the same time, ferocious competitors ; the drug monopoly had already been snatched to the pharmacist : *le pharmacien ne fabrique, ne prépare presque aucune de ses matières premières : il a tout avantage à les acheter chez le droguiste et chez le fabricant de produits chimiques et pharmaceutiques (…). Les préparations qu'il exécute sont des mélanges ou des combinaisons simples, dont la formule et les procédés lui sont donnés, soit par le Codex, soit par des manuels pratiques, soit même par les ordonnances des médecins (…). Les fabricants de produits chimiques et pharmaceutiques et les droguistes, auxquels des connaissances profondes, tant théoriques que pratiques, sont incomparablement plus nécessaires qu'aux pharmaciens (…) pour trancher le mot, la pharmacie est un art, une industrie de convention, resposant presque entièrement sur de fictions, sur des besoins imaginaires*[4].

1. " (…) los diferentes sistemas médicos seguidos tan exageradamente, han herido de muerte los intereses de los farmacéuticos, ciñéndose estrictamente muchos profesores de medicina á las evacuaciones sanguineas, otros á las purgantes universales de Le Roy ; otros mandando á las droguerias por cualquier simple, y haciendo que la preparación se haga en casa de los enfermos ; y otros en fin llevando los medicamentos en el bolsillo, como sucede en el dia con algunos homeópatas de Madrid " (*cf.* Anónimo. " Causas influyentes en la ruina de la farmacia ", *El Restaurador Farmacéutico*, 1 (14) (1845), 105-106.

2. J.O. Ronquillo, *Apuntes sobre el Ejercicio de la Farmacia. (Causas de su decadencia, medios para precaver su ruina)*, Barcelona, 1867 ; a review of this work was published in *El Restaurador Farmacéutico*, 23 (6) (1867), 95.

3. " la droguería y la herboristería, y la elaboracion de productos medicamentosos de las artes del confitero, del perfumador y del licorista, partes integrantes de su profesión " (*cf.* J.O. Ronquillo, *op. cit.*, nota 2 ; the quotation is in p. 5).

4. A. Mangin, *De la liberté de la Pharmacie*, Paris, 1864 ; quotation is in p. 33-37.

Maybe Arthur Mangin's words are in overwhelming excess, obviously they were not expressed by a pharmacist but a liberal prestigious economist in our neighbouring country, but it is certain that these words were right : if Pharmacy should continue existing it had to be at the expense of a deep change of its more traditional bases, intrinsically rooted in its professional community from long time. In fact this was one of the main inconveniences to surpass with a view to an hypothetical transformation of this discipline ; the apothecary positioning was quite evident, they claimed the legal right that attended them as the only manufacturers hopelessly possible of medications[5] but they didn't give away their convictions and traditions, difficultly compatible with the new scientific-technical doctrines that impregnated the new paths to the therapy.

But these ones were not the only difficulties that were opposed to the modernization of Pharmacy ; others, derived from the inadequate scientific and professional formation of the pharmacy students and their own legal guiding norms would end up to trouble, in occasions even to gag, the progress of this discipline. Some Spanish pharmacists, as Mariano Pérez Mínguez, were aware of the weakness of their educational system : obsolete, inadequate to the apothecary and sick person's necessities and unable to educate the new graduates in the arts and techniques of the production on a great scale[6].

For the French citizen A. Mangin, the educational problem resided in the own pharmacist concept as man of science, in his opinion the great legislative error was the compulsory high qualification for a community to carry out an eminently technical work, for which big scientific knowledge were not needed, only a good specific formation to attack the elaboration of medicines according to the Codex[7].

As for the Spanish pharmaceutical legislation, represented mainly in the 1855 Health Act and its 1860 Ordinances, this legislation help in nothing to the modernisation of the profession ; these legislative norms, mainly the second one, were deeply restrictive, antiquated and only contemplated the professional exercise in the chemist's, the only legal possibility for the pharmacist perfor-

5. An assured monopoly in Spain thanks to the 1855 General Health Act and Pharmacy Ordinances (1860), although transgressed by non-university graduates. P. Fernández Izquierdo classified and defined these intrusions in ten different groups (cf. their titled work : " Las intrusiones ", published in El Restaurador Farmacéutico, 24 (8) (1868), 113-115 ; 24 (10), 145-148 ; 24 (13), 193-196 ; on this matter see also A. Albarracín Teulón, " Intrusos, Charlatanes, Secretistas y Curanderos ", Asclepio, 24 (1972), 323-366.

6. M. Pérez Mínguez, " Parte editorial ", El Droguero Farmacéutico, 3 (34) (1858). The Pharmacy teaching status during the 19th century can be consulted in F.J. Puerto Sarmiento, " Ciencia y Farmacia en la España decimonónica ", in J.M. López Piñero (ed.), La Ciencia en la España del siglo XIX, [Ayer, 71], Madrid, 1992, 153-191. A contemporary analysis of this matter was carried out by P. Fernández Izquierdo, " La enseñanza farmacéutica ", El Restaurador Farmacéutico, 23 (37) (1867), 577-581.

7. A. Mangin, op. cit., note 4. This author really questioned the recognition of Pharmacy as another university discipline, in his opinion an unnecessary and counteractive request ; in Spain, this fact took place in 1845 (cf. F.J. Puerto Sarmiento, op. cit., note 6).

mance[8]. It is certain that the progresses of science, the immobility of the pharmacists and their inadequate scientific education were handicaps to difficult overcoming, but even more when legislation impeded the apothecary's expansion growth or toward scientific and professional sectors in which, at least theoretically, pharmacists could be sufficiently competent[9].

Until here we have tried to expose the main causes[10] that motivated an imminent transformation and modernisation of the Spanish Pharmacy. The alternative possibilities of improvement can be divided in three groups, according to the different moods, ideologies or socio-economic interests : first those coming, from the most traditional pharmaceutical communities, secondly those emitted by liberal pharmacists and thirdly the protected ones by liberal groups, often outside Pharmacy[11].

The most conservative professionals were not in favour of any change in their social and professional status ; their problems should be resolved, in their opinion, by the State, responsible both for the civic health and the pharmaceutical monopoly. Druggists, makers of specifics, chemicals, etc. didn't have legal prerogatives to elaborate medicines, not even those that the most recalcitrant apothecaries continued refusing to prepare ; the persecution of these illegal activities by the authorities had tobe implacable. Before the evident and irremediable progressive decrease of the number of chemist's drugs[12], there was only a valid possibility the regulation to the drop in the pharmacies open to public.

8. About the Spanish pharmaceutical legislation of this time *cf.* S. Muñoz Calvo, " Notas para un Estudio Historiográfico de la Legislación Farmacéutica en España ", *Boletín de la Sociedad Española de Historia de la Farmacia*, 120 (1979), 305-317 ; S. Muñoz Calvo, " Ordenación Legisiativa de la Farmacia en España durante la primera mitad del siglo XIX ", *Boletín de la Sociedad Española de Historia de la Farmacia*, 141-142 (1985), 109-129 ; A. Campins de Codina, *Legislación Farmacéutica del siglo XIX en España*, Barcelona, 1950 ; A.M. Carmona Cornet, " Problemática en torno a la Reforma Legislativa del ejercicio de la Farmacia en España (siglo XIX) ", *Homenaje al Profesor Guillermo Folch Jou* (1983), 149-152.

9. *Cf.* R. " Del derecho de los farmacéuticos para ejercer parcialmente su profesion ", *Revista Farmacéutica Española*, 2 (36) (1861).

10. Not the only ones, other older ones, as the absence of an official rate for all drugs, the existence of special tariffs in rural populations, the peak of the philanthropic societies in those which offered doctors, surgeons and chemists to sick persons, the scarce scientific and professional recognition by certain doctors, etc., would also contribute to the pharmaceutical crisis at the middle of the 19th century. About this, see : J.A. Balcells, *Males que afligen a la Farmácia y plan para correjirselos poniendola en un pie mas respetable*, Barcelona, 1835 ; P. Alcántara Peñalver, " Sobre la Profesion de Farmacia. Defectos de su ejercicio que imperiosamente exigen reforma ", *El Restaurador Farmacéutico*, 5 (l) (1849), 4-5 ; Anonimus, " Del Estado actual de la Farmacia y su inmediato porvenir ", *El Restaurador Farmacéutico*, 5 (31) (1849), 241-243 ; J.A. Balcells, " Reflexiones sobre las causas que desconceptuan y hacen poco productivo el ejercicio de la farmacia en general, y particularmente sobre lo mucho que la envilece el símbolo de Mercurio ", *El Restaurador Farmacéutico*, 9 (6) (1853), 19-20 ; 9 (7), 25-26.

11. See " conservative ", " reactionary " and " liberal " pharmacist definition given by the economist A. Mangin, *op. cit.*, note 4 ; the reference to this matter in 12-14.

12. C. Le Perdriel, *Du passé, du présent et de l'avenir de la Pharmacie*, Paris, 1862 ; quotation is in p. 12. In 1885 the limitation of chemists was a matter still latent : *cf.* C. Patrouillard, *Rapport sur le sixième congrès international pharmaceutique*, [Bruxelles, 1885].

A second group, more progressive, was inclined to certain changes. Pharmacists were forced to adapt to the new times, the modern therapeutic necessities, the new fashions and the publics likes, the nascent chemical industry, " [without] cherishing the desire that the interests of the society are postponed ; it must revere and even celebrate the progress of the civilization "[13]. But they still agreed with their more reactionary colleagues on some important matters : official title request emitted by the State for legal elaboration and sale of drugs, complete and effective separation between Medicine and Pharmacy and punitive demand for all those (merchants, druggists, doctors, etc.) that practised Pharmacy in an illegal way.

The Pharmacy crisis in the 19th century was not an exclusive phenomenon of Spain, it would also affect to other European countries, mainly of the Mediterranean area, favoured with sanitary regulations that forced every galenic practice to be exclusively made by the pharmacist. On the contrary, in the Anglo-Saxon countries (England and United States) pharmacist's university degree didn't grant this professional the drugs monopoly ; it was possible to obtain the university degree by different ways and not only through the official Pharmacy Colleges as it happened in Spain or France.

The progressive peak of the liberal doctrines in Europe during the third quarter of the 19th century, made easy the discussion around the liberalization of the professional exercise. Certain voices[14], generally economists, would suggest for the Mediterranean Pharmacy the same rules prevailing in Anglo-Saxon Pharmacy : total freedom in the exercise of the profession, specific scientific and technique training, non-existence of professional monopolies and official colleges[15], reinforcement of the industrial Chemistry and Technology, elaboration of pharmaceutical specialties on a great scale, etc.[16] ; on the other hand, even those more liberal pharmacists, would always defend a monopolis-

---

13. " [sin] abrigar el deseo de que sean pospuestos los intereses de la sociedad á los suyos ; debe reverenciar y aun celebrar el progreso de la civilización " (cf. J.O. Ronquillo, op. cit., note 2 ; quotation is in p. 6).

14. M.C. Labélonye, De l'organisation de la pharmacie dans les principaux Etats de l'Europe, Paris, 1863 (consulted in A. Mangin, op. cit., note 4 ; quotation is in 39-40).

15. The victory of liberal-progressive ideas in Spain facilitated the creation of " Facultades Libres de Farmacia ", nevertheless these ones would never end up consolidating ; they would only work, not without problems, during the revolutionary six-year term (1868-1874). On this matter see the work of A. González Bueno & F.J. Puerto Sarmiento, " Las enseñanzas de Farmacia durante la I República Española : la Facultad Libre de Cádiz ", Boletín de la Sociedad Española de Historia de la Farmacia, 154-155 (1988), 177-188. Also interesting is the article signed by S. Muñós Calvo, " Notas para elaboración de una sociología farmacéutica en el sexenio revolucionario (1868-1874), Boletín de la Sociedad Española de Historia de la Farmacia, 131 (1982), 173-184.

16. A method of typifying the Prevailing, models in the pharmaceutical professional exercise in Europe, and in its influence areas, can be consulted in : F.J. Puerto Sarmiento, " La figura del farmacéutico del siglo XIX ", in R. Pötzsch (ed.), La Farmacia. Impresiones históricas (1996), 233-239.

tic legitimacy based on their university formation[17]. In Spain, the discussion was about the regulation or not of the professional exercise. The most conservative pharmacists, convinced that " absolute freedom implies anarchy, break-up, the death of the profession "[18], they would not be favourable to Pharmacy Ordinances abolition ; to its way of seeing, these Ordinances were the guarantors for the Pharmacy stability. The most progressive pharmacists thought that this regulation prohibited the pharmacist's intervention in activities didn't go strictly the inherent ones to the chemist's and, consequently, they impeded the incorporation for the Pharmacy and its professionals to the new industrial order.

IN SEARCH OF NEW HORIZONS : THE INDUSTRIALIZATION OF THE GALENIC PHARMACY, THE INDUSTRIAL CHEMISTRY

Previously, we pointed out the opinion expressed by the French economist A. Mangin, in 1864, in connection with the role carried out by pharmacists in the elaboration of medications and what had to be their immediate professional future. Then, these words seemed more or less heretical before the eyes of the Spanish pharmaceutical community, to a large extent very reluctant not only to admit the progressive death of traditional Pharmacy, but also to any change that allowed the pharmacists to take new positions before the scientific, technician and commercial progress of therapy. Nevertheless, as we approach the end of the 19th century, the " bunker's positions " gradually decrease in favour of the most progressive group in the profession. In 1890, *La Farmacia Moderna* went back on this reality, now more accused that when A. Mangin

17. This polemic was much reflected in the French and Spanish professional press : M. Bussy, " Discours prononcé par M. Bussy, à la séance solennelle de rentrée de l'École supérieure de pharmacie, le mercredi 11 novembre 1863 ", *Journal de Pharmacie et de Chimie*, 44 (24) (1863), 369-381 ; M. Boudet, " Rapport sur les intérêts généraux de la pharmacie, lu à la Societé de pharmacie le 5 août 1863 ", *Journal de Pharmacie et de Chimie*, 44 (13) (1863), 194-198 ; Anonimus, " Sección editorial ", *El Restaurador Farmacéutico*, 21 (33) (1865), 257-258 —Answer to A. Urgelles de Tovar's article titled : " Impertinencias de la Asamblea farmacéutica absolutista de Cataluña " published in *La Gaceta Universal de Agricultura, Industria y Artes de Barcelona*— ; and the correspondence to the magazine *La Opinión*, published under the generic title " Farmacéuticos y drogueros ", *El Restaurador Farmacéutico*, 19 (24) (1863), 93-94 ; 19 (26) : 101-102 ; 19 (27) : 105-106, it would even end up facing two known newspapers : *El Siglo Médico* and *El Restaurador Farmacéutico* ; about this matter *cf.* P. Fernández Izquierdo, " Al licenciado Céspedes ", *El Restaurador Farmacéutico*, 23 (40) (1867), 638-639 ; P. Fernández Izquierdo, " Despachaderas de El Siglo Médico ", *El Restaurador Farmacéutico*, 23 (42) (1867), 670-671 ; Anonimus, " Consecuencia ", *El Restaurador Farmacéutico*, 23 (44) (1867), 701-703.

18. " (…) la libertad absoluta implica la anarquía, la disolucíon, la muerte de la profesion " (*cf.* Z. Valle, " Reflexiones ", *El Restaurador Farmacéutico*, 22 (11) (1866), 86-87. Also you can reed : F. Pascual y de Lentiscola, " El farmacéutico ", *El Restaurador Farmacéutico*, 28 (38) (1872), 297-298 ; Anonimus, " No transigimos ", *El Restaurador Farmacéutico*, 28 (47) (1872), 369-370 ; Anonimus, " Evoluciones de la industria ", *El Semanario Farmacéutico*, 1 (15) (1873), s.p. ; J.M. Sarget, " Trabajemos para salvarnos ", *El Restaurador Farmacéutico*, 29 (17) (1873), 129-130 ; M. Vallés, " La Farmacia libre ", *El Restaurador farmacéutico*, 29 (30) (1873), 265-267 ; J. Coti, " ¿ Qué es ser intruso en Farmacia ? ", *El Restaurador farmacéutico*, 32 (13) (1876), 193-202.

denounced it ; chemist's were no longer a place for medicines elaboration, but just a store where medicinal products were sold, in most cases served by any worker with no university degree ; the pharmaceutical community began to assume the possibility of its immediate disappearance[19].

Time had accentuated this process, at the end of the 19th century the situation was still more accused that the one that A. Mangin had outlined ; at this time, spanish pharmacists had already lost, besides the control on the raw materials in druggists' hands and chemical makers, their most intrinsic essence : the responsibility on the final product. What the French economist described as simple operations in which pharmacopoeias dictations were exactly followed, also tended to disappear before the new therapy based on the defined chemical compositions. Pharmacy was seriously wounded, the dart had driven in its very center : galenic pharmacy, receiver of the pharmacist's traditional knowledge, that is to say the manipulation of drugs in order to elaborate non defined chemical composition medications. Traditional polypharmacy hand to open the way to a new product, manufactured starting from vegetable active principles obtained by isolation, generally, specific against certain illnesses[20].

However, the scientific advances that almost caused the Pharmacy disappearance would end up to facilitate its salvation ; once overcome the furor stage for the chemical species, pharmacology returned to natural drugs, constituted by a large number of active molecules, in many occasions more effective than their active principles in isolation ; chemistry would allow the analysis of these substances and pharmacology would try to justify what before it was only guessed : the drugs action mechanism. This phenomenon that Eduardo

19. [A. Bellogín], " Evolución ó anulación ", *La Farmacia Moderna*, 1 (22) (1890), 389-393 ; 1 (23) : 405-408 ; 1 (24) : 421-423 ; eighteen years later, this author did not change his opinion and, even, he would repeat his words (*cf.* A. Bellogín, " Nuestro problema ", *Diario Universal*, 1864 (1908), s.p. From France, the analysis of the situation was similar : " El progreso industrial suprime al farmacéutico, como fabricante de medicamentos oficinales ; las condiciones comerciales de la profesión le obligan más cada vez á convertirse en un mero vendedor de los medicamentos que han fabricado otros. Puede, por lo tanto, preverse que todos estos hechos darán de si la libertad de la farmacia más pronto de lo que parece, y entonces el comercio directo de las especialidades, bajo la única responsabilidad de sus preparadores, adquirirá todavía mayor desarrollo " (*cf.* G. Bardet, " Porvenir de la Farmacia ", *La Farmacia Moderna*, 13 (30) (1902), 408-410 ; quotation is in p. 410. Also published in *La Farmacia Española*, 34 (51) : 805-806. It is a translation of the article published by him in the *Dictionnaire du Commerce et d'Industrie* and, later on, in the magazine *Les Nouveaux Remèdes*.

20. [A. Bellogín], *op. cit.*, note 19. Thanks to the technological development, costs were reduced with the new industrial drugs and it could be offered to the public, through the classic pharmaceutical preparations (extracts, applications, dyeings, etc.) or the new pharmaceutical forms (capsules, tablets, cachets and injectables), products aesthetically more attractive than those that drugstores offered ; a detailed study of these aspects in R. Rodríguez Nozal, " La Tecnología al servicio del medicamento : las formas farmacéuticas en el gozne de los siglos XIX y XX ", in *Actas VI Congreso de la Sociedad Española de Historia de las Ciencias y de las Técnicas*, Segovia, in press.

Esteve and Fernández Caballero called " the galenic drugs restoration ", would constitute in salvation for Pharmacy and cornerstone for its reformation[21].

" The galenic drugs restoration " would be used as argument by those who were in favour of the exclusive medicine preparation in the chemist's, the hard core in the profession, unable to propose new solutions to the already chronic Pharmacy's decadence that were not the chemist's opening limitation or the obligatory inclusion in one's professional association[22] ; but it would also serve as stimulus for those that regarded " quietism [as] symbol of death "[23], in favour of the professional practical excision in two big activities : dispensation and production. One of the *The Modern Pharmacy* co-directors, Angel Bellogín, expressed in this way : although in favour of chemist's limitation and also favourable to transfer the pharmacists surplus from the chemist's to the laboratories of pharmaceutical specialties, his words about the future of Pharmacy were undoubtedly completely prophetic : " La limitación de boticas llegará, y la Botica del porvenir será más propiamente un Dispensario en que el Farmacéutico prepare las prescripciones extemporáneas, última forma de dispensación, y sirva los productos adquiridos en el Laboratorio, éstos y aquéllas

21. E. Esteve y Fernández Caballero, *La Restauración de los medicamentos galénicos*, Granada, 1914, (quotation is in 17-18). Eleven years before, the French citizen Albin Haller (Professor in Faculty of Sciences, Paris) had already expressed himself on this matter : " Si l'emploi de quelques-uns de ces principes, comme la quinine, la morphine, la digitaline, voire même l'antipyrine et toute la série des antiseptiques, est justifié dans une notable mesure par suite des connaissances positives que nous avons sur leur spécificité, n'y a-t-il pas exagération dans le dédain que nos thérapeutes semblent professer pour les produits naturels, pour les simples ou extraits de simples dont les propiétés curatives sont sanctionnées par l'expérience de plusieurs siècles ? Ne sait-on pas que beaucoup de ces simples qu'on délaisse, parce que les jeunes générations de médecins sacrifient à la mode, à la nouveauté, ont une action différente, plus atténuée, moins brutale que les alcaloïdes qu'on en retire isolément ? On semble ignorer qu'à côté d'un ou deux principes dominants, chaque drogue contient des produits secondaires, sortes de satellites qui agissent souvent comme des palliatifs, en modérant ou en modifiant d'une manière avantageuse les propiétés des corps auxquels ils doivent leurs vertus curatives (…) Cet envahissement du chimisme en thérapeutique, dans le seul but de placer des produits chimiques imaginés et créés dans les laboratoires, a conduit à une conception trop simpliste des phénomènes qui se passent au sein des organismes et, partant, à des accidents aussi nombreux qu'inattendus ". (*cf*. A. Haller, *Les industries chimiques et pharmaceutiques*, Paris, 1903, 2 vols ; quotation is in vol. 1, 300-301). On this same matter see also J. Rodríguez Carracido, *La complejidad farmacológica en la prescripción médica*, Madrid, 1903.

22. Almost thirty years (1896) after J.O. Ronquillo's opinion about " the causes of the decline of Pharmacy " (*cf*. note 2), the most traditional nucleus in the pharmaceutical profession continued pointing out the same problems that already existed in the middle of the century, but the solutions they intended were limited to requesting the reduction of chemists and to promoting the inclusion in one's professional association. About this matter see the articles dealing with the analysis of the " Causas de la decadencia de la Farmacia y medios de evitarla " published in 1896 in : *El Monitor de la Farmacia y de la Terapéutica*, 28 : 281-283 ; 29 : 291-292 ; 30 : 300-303 ; 31 : 312-315 ; 32 : 322-324 ; in all these three articles, the first one signed by Gustavo Galcerán, the second one anonymous letter and the third one written by Ramón Viladot i Benet ; these articles were also published in : *La Farmacia Española*, 28 (29) (1896), 449-451 ; 28 (30), 465-468 ; 28 (32), 497-499. Similar and contemporay is the work writted by L. Narbona Navarro, *Causas la decadencia de la clase farmacéutica en España ; estudio sobre las intrusiones, y medios prácticos para evitarlas*, Alicante, 1900.

23. " (…) quietismo [como] simbolo de muerte " (*cf*. A. Busto, " Los farmacéuticos y el progreso industrial ", *Diario Universal*, 1864 (1908), s.p.

dispensados bajo la garantía de su constante vigilancia y su responsabilidad personal inmediata y directa, después de haber acreditado previamente su competencia en los trabajos de análisis, y disponiendo de un laboratorio stificiente-mente dotado para practicarlos "[24].

For Luis Máiz Eleizegui, pharmacist of military sanity, immobility could only lead to a " suicidal atavism " ; his message, directed toward the scholastic sector, was completely clear : industrialism is a fact, let us join it all together and let us fight so that the monopoly of this activity relapses in our hands ; now that the drug elaboration is the pharmacist's exclusive domain, let us claim a legislation to establish, for all the laboratories, the obligation of having a qual-ified pharmaceutical director and let us favour a change in our training, with the purpose of adapting it to the scientific and technological necessities of the industrial elaboration[25], let us transform the industry into " an expansion of the pharmacy profession ", let us become accustomed " to the noise of its motors "[26].

The renovating proposal, now according to A. Bellogín established, what should be the new field of the pharmacist's performance : laboratories of hypo-dermia, serumtherapy, opotherapy, asepsis and antisepsis, material of cure, analysis of chemical-pharmacist products, microbiology and medical diagno-sis, hydrology, agricultural and industrial analysis and, above all them, the galenic laboratories, the centers in charge of manufacturing the indefinite com-position drugs. Within these last ones A. Bellogin distinguished two categories : those consecrated to all traditional pharmaceutic preparations and verifiable dosage, in general terms the new pharmacist forms, and the " special

24. A. Bellogín, " Utilidad de los laboratorios químico-farmacéuticos y medios de asegurar su existencia. Necesidad de la especialidad farmacéutica como complemento de dichos laboratorios ", *El Monitor la Farmacia y de la Terapéutica,* 511 (1909), 529-533 ; quotation in p. 530. This work was rewarded with 500 pts. contributed by Saiz de Carlos, by the pharmaceutical Assembly of Valencia and he had a wide diffusion in the pharmaceutical community ; this article was published in several professional newspapers : *La Farmacia Española,* 42 (1) (Madrid, 1910), 1-5, *La Farmacia Moderna,* 21 (1) (1910), 3-6 ; 21 (2) (1921), etc.

25. L. Máiz was not the only one to request a revision of the educational pharmaceutical contents ; J. Cusi expressed in similar terms : always appealing to the French model to try to settle down in our country Chairs of Industrial Pharmacy : " En España, hasta ahora, la farmacia prác-tica, parte de la farmacia destinada á la enseñanza de la preparación de medicamentos galénicos, se enseña, á nuestro juicio, de una manera asaz restringida y primitiva. En Francia hasta hace poco pasaba lo mismo ; pero de un tiempo á esta parte se dibuja un gran movimiento en la favor del desarrollo de esta parte de la carrera farmacéutica ". [*Cf.* J. Cusi, " Nuevos derroteros de la Farma-cia Española. La industrialización de la Farmacia galénica ", *El Restaurador Farmacéutico,* 73 (5) (1918), 113-118. Also published in *La Farmacia Española,* 50 (16) (1918), 243-246 and in *La Farmacia Moderna,* 30 (2) (1919), 16-17 ; 30 (3) : 32-33]. In 1878, there was already who con-sidered that the modernization of Spain went by the development of the technical colleges (naval, agricultural, of trade, of arts and occupations, etc.) to the detriment of theoretical university teach-ing (*cf.* M. Fernández Gonzáles, " Más industriales y ménos doctores ", *Semanario Farmacéutico,* 6 (50) (1878), 465-469 ; the article is copied of *La Ilustración Europea y Americana*).

26. L. Máiz, " La industria farmacéutica ", *Revista de Farmacia,* 5 (4) (1917), 107-110. Also published in *La Farmacia Española,* 49 (19) (1917), 290-292.

laboratories ", conceived for the most classical drugs, more numerous and not less important than the previous ones[27].

The viability would depend on the necessary capital to carry out important investments ; in consequence A. Bellogín proposed, in the same corporatist sense as L. Máiz, the union among all the pharmacists in order to get a " cooperative régime for production and very organized consumption " ; the pattern was the Central Pharmacy of France[28] and the inducement was the creation of the National Pharmaceutical Center[29].

Just as it happens in any reconquest mechanism, so the vertiginous process of pharmaceutical adjustment from the ancestral galenic medicines until the modern industrial drugs, would try to be promoted through the expansion toward areas of knowledge and mercantile activities not frequented until then by this professional community ; safeguarded the production of specifics[30], now it was necessary to look for new action fields for Galenic pharmacy[31].

The star discipline was industrial chemistry, highly dominated by Germany, its installation in our country became high-priority matter due to the shortage of these products after the beginning of World War I. The pharmacist implication in this industry type was supported and impelled by a nucleus of pharmacists of great prestige, among those we can mention José Rodríguez Carracido, Obdulio Fernández or José Giral, all of them were aware that the industrial progress had to be the previous step for the development and modernisation of the country ; their opinions did not respond to the classic corporatist speech of the Spanish pharmaceutical community ; the most important thing was the Spanish renewal, desire that went by the obligatory nature of establishing an autochthonous industrial fabric where the chemical establishments had to play a principal role, as it happened in the developed countries.

27. " concebidos paral otras series de medicamentos oficinales, más numerosos y no menos importantes que los anteriores, de abolengo histórico más genuinamente galénico " (cf. A. Bellogín, op. cit., note 24).

28. About this establishment, see the work written by G. Soenen, La Pharmacie Centrale de France. Son histoire, son organisation, son fonctionement, Paris, 1894.

29. This cooperative society was constituted in June 28, 1909 (cf. J. de la Serna, Breve historia del Centro Farmacéutico Nacional. Crónica de una pertinaz voluntad de corporativismo profesional, Madrid, 1992.

30. The Regulations (1919 and 1924) for specifics elaboration and sale forced the registered specifics to be prepared by a graduate in Pharmacy (cf. I. Grasa Ferrer, El registro de especialidades farmacéuticas en España (1919-1923), [Unpublished Licenciate Thesis. Facultad de Farmacia. Universidad Complutense de Madrid], Madrid, 1993).

31. E. Bridon, " La pequeña industria farmacéutica ", El Monitor de la Farmacia y de la Terapéutica, 766 (Madrid, 1917), 10-14. This article was also published in La Farmacia Española, 49 (4) (1917), 49-53 and in Revista de Farmacia, 5 (I) (1917), 10-16 ; it is a translation of the article published (1916) in the number 5 of the Bulletin of the Federation of the Pharmaceutical Unions of the East (France).

Spanish specialists in industrial chemistry were few[32], in consequence pharmacists, so much to improve their professional status as to contribute to the patriotic cause[33], had a good expansion possibility and even the moral obligation of putting their knowledge to the chemical-pharmacists industries service and, why not, also in other similar industries in free competition with other university graduates[34].

For Spanish pharmacists the opportunity to join this market was the colophon to a long road, with which they finally felt strengthened. It is true that their knowledge in industrial chemistry was not the ideal one, but it is also true that the rest of professionals and Spanish university graduates did not have a better formation ; on the other hand the conquest, at least from the corporate viewpoint, had already been achieved : Pharmacy was reborn thanks to the assimilation of the element more consubstantially contrary to the apothecary's spirit : " the specific ". In this context, intents to invade other knowledge areas (Microbiology, Chemical Analysis, Bromatology or Industrial Chemistry) were no longer part of the Crusade ; all these disciplines, and even others, could be cultivated as much by pharmacists as by other professionals. J. Giral's words summarize very well this opening restlessness between the desires of professional improvement and the national economic development : *El camino más fácil y el que han seguido la gran mayoría de nuestros compañeros ha sido el de la especialidad farmacéutica, y hemos llegado con eso a una perniciosa superproducción, tanto más vituperable cuanto ella afecta más a que a la can-*

32. " Consultado el cuadro de estudios de las demás carreras literarias y especiales, creemos no hay ninguna en la que se exijan tantos conocimientos de química como se obliga á poseer al farmacéutico, estando próximamente al mismo nivel que la carrera de ciencias é ingenieros químicos, á cuyos estudios dedican muy pocos españoles su actividad " (*Cf.* R. Saiz de Carlos, " Las industrias químicas y el porvenir del farmacéutico español ", *La Farmacia Moderna*, 11 (l) (1900), 6-8 ; 11 (3) : 52-55 ; quotation is in p. 54). These words are formulated by a pharmacist in 1900 ; nevertheless 15 years later, the Director of the Ebro Chemical Laboratory (Tortosa), Eduardo Vitoria, did not make explicit the prevalence of any degree for the practice of the industrial chemical science, at the same time as he admitted the possibility for the pharmacist performance in this environment, provided he corrected his insufficient practical preparation (*cf.* E. Vitoria, " La ciencia química y los progresos industriales ", 81 (1915), 42-44 ; 82 : 61-63 ; 83 : 76-79 ; 86 : 122-124 ; 87 : 138-140 ; 88 : 157-160 (the reference to this matter is in p. 157).

33. " Inútil será el que busquéis otro medio que más relaciones tenga con los conocimientos adquiridos, ni que pueda guiaros á puerto seguro como la práctica y dirección por vosotros mismos de las industrias químicas en su dilatado campo ; pues no solo os engrandecerán, dándoos la independencia y rango social á que sois acreedores, sino que, á mayor suma de actividad y labor individual, más y más se agiganta el pueblo en que nacimos, puesto que la prosperidad, cultura y adelanto de una nación es la suma de la prosperidad, cultura y adelanto de cada uno de los individuos que la forman " (*cf.* R. Saiz de Carlos, *op. cit.*, note 32 ; quotation is in p. 55).

34. The teachings of industrial engineering settled down in Spain for Real Ordinance of 4 September 1850 ; there were three different levels : " elementary ", " amplification " and " superior ". Except in the first case, these studies qualified legally for the professional practice of chemical engineering. A detailed information on this subject can be obtained in : J.M. Alonso Viguera, *La ingeniería industrial española en el siglo XIX. (Sucinta historia de una especialidad de la Ingeniería Civil)*, Madrid, 1944 ; a tight study to the Catalonian environment is in : R. Garrabou, *Enginyers industrials, modernització econòmica i burgesia a Catalunya (1850-inicis del segle XX)*, Barcelona, 1982.

tidad, a la calidad mediocre y a la variedad enorme de esos preparados. Pero la ruta de la industria químico-farmacéutica está en España casi inexplorada, y es por ella por donde hemos de encontrar el más amplio campo en donde desarrollar nuestras iniciativas, en donde hacer resaltar nuestra función social, tan despreciada actualmente, en donde prestar los más relevantes servicios a la Economía Nacional, en donde poder obtener las más positivas ganancias materiales[35].

ACKNOWLEDGEMENTS

I am specially grateful to F.M. Ruiz Ramos for his useful help in the English translation of this essay.

The realization of this work has been possible thanks to the investigation project PS94-0028.

35. J. Giral Pereira, " Industrias químico-orgánicas posibles en España ", *La Farmacia Española*, 56 (16) (1924-1925), 241-244 ; 56 (17), 259-262 ; 56 (18), 273-275 ; 56 (19), 289-291 ; 56 (20), 305-307 ; 57 (l), 1-4 ; the quotation is in p. 241. Gustavo López García wrote in similar terms : " Pensad, por el contrario, que sería la Farmacia si los farmacéuticos pasáramos la vida en lo laboratorios, entre microscopios y estufas de cultivo, tubos de ensayo y reactivos, persiguiendo el descubrimiento científico que habría de beneficiar a la Humanidad (…) si nos ocupáramos de montar industrias químicas que fueran redimiendo a nuestra Patria del tributo al Extranjero, y decidme si la sociedad no encontraría pequeños para nosotros todos los prestigios, y escasas las más elevadas retribuciones " (*cf.* his titled work : " Una industria químico-farmacéutica española ", published in *La Farmacia Española*, 56 (13) : 193-196 ; 56 (14) : 209-212 ; 56 (15) : 225-227, Madrid, 1924).

LA FONDATION DE L'INDUSTRIE DES COLORANTS DU PIRÉE (CHROPI,1883-1995) PAR SPILIOS EKONOMIDIS, DIGNE ÉLÈVE D'ADOLF BÆYER DU COLORANT AU MÉDICAMENT (1883-1995)

Angélique KININI

Quoique la fondation de l'Etat grec moderne date des années 1830, ce n'est qu'à la fin du siècle dernier que l'on peut situer les premiers efforts organisés en Grèce visant à mettre en place l'ensemble de toutes les structures indispensables à l'industrialisation du pays. L'industrie des colorants proprement dite sera parmi les premiers pôles d'attraction accessibles au génie local, commercial et scientifique, de l'époque, pour la principale raison que, depuis le tout début, la production se trouve centralisée autour des vernis et des pigments destinés à la construction navale, domaine qui a joué, de tous temps, un rôle prépondérant dans le développement économique de la Grèce. A la suite de la première guerre mondiale le marché des substances colorantes sera aussi constamment favorisé par l'essor du secteur du bâtiment[1].

A l'origine — lors de la deuxième moitié du XIXᵉ siècle — l'industrie des colorants en Grèce se résume en quelques petites unités de préparations à partir des produits semi-finis importés de l'étranger. Ainsi créées, d'abord à Ermoupolis dans l'île de Syros — centre principal des activités commerciales et industrielles de la Grèce moderne jusqu'au début du XXᵉ siècle — puis au Pirée, à Athènes, et plus tard à Thessalonique, ces petites unités ne tardent pas, à l'aube de notre siècle, à se mettre avec ardeur en quête d'une certaine identité industrielle tout en restant sous la dépendance des matières premières et du génie chimique étrangers, et tout en tâtonnant entre leur savoir-faire moins scientifique qu'artisanal et leur structure de boutique de diffusion et de vente des articles finis.

---

1. Sur l'histoire de l'industrie grecque des vernis et des pigments voir Margarita Dritsa, *La couleur de la réussite. L'industrie grecque des vernis et des pigments, 1830-1990*, Athènes, éd. Trochalia, 1995 (en grec).

C'est dans le cadre technique et économique ainsi construit pour la fabrication des vernis et des pigments, que l'industrie grecque des colorants de synthèse destinés aux textiles prendra sa naissance vers la fin du siècle dernier.
Nonobstant, cette nouvelle filière du monde industriel grec paraît être rapide-
ment délivrée de la tutelle étrangère, surtout dans le domaine du génie chimique et de la production des substances intermédiaires. Ceci parce qu'elle est
appuyée tant sur l'exploration plus systématique des ressources indigènes que
sur la richesse des connaissances confluant vers l'industrie grâce à l'initiative
des entrepreneurs eux-mêmes, ces derniers étant le plus souvent formés dans
les universités et les grandes firmes de colorants en Suisse et en Allemagne.
Daté des années 1920, le premier essor de l'industrie chimique fine en Grèce
sera également accéléré par la création, en 1918, de la faculté de chimie industrielle à l'Ecole Polytechnique d'Athènes ainsi que d'un département indépendant de chimie à l'Université[2].

Cette étude, quoique strictement localisée sur le territoire grec, a pour
objectif de contribuer à l'éclaircissement des facteurs dont la conjonction heu-
reuse a permis le passage de la fabrication des colorants à celle des produits
pharmaceutiques, tant au niveau des interactions survenues entre la science et
l'industrie que du transfert technologique d'un pays à l'autre. En tant que pion-
nier dans ce domaine, l'Industrie des Colorants du Pirée (CHROPI) mérite
d'être l'objet principal de ce commentaire. Notre recherche se trouve plutôt
focalisée sur la période comprise entre la fondation de la maison en 1883 et la
mise sur le marché des premiers médicaments de synthèse dans les années
1920.

CHROPI : CENT ANS D'HISTOIRE

CHROPI est créée en 1883 par le chimiste et professeur à l'Université
d'Athènes Spilios Ekonomidis (1854-1894). D'abord spécialisée dans la fabrication des colorants tels que l'alizarine et les couleurs d'aniline de même que
de leurs substances intermédiaires, CHROPI se diversifiera ensuite vers toute
la gamme de produits d'usage hospitalier et médicamenteux. L'esprit d'entreprise et l'étendue du savoir chimique du fondateur, ancien élève de Bæyer[3], de
même que la compétence de ses successeurs sont sans doute à l'origine des
principes avantageux de gestion et de production qui semblent accorder à
l'Industrie des Colorants du Pirée sa position parmi les grandes puissances du
monde industriel grec pour plus d'un siècle. Après la fin de la deuxième guerre
mondiale, la firme se lance avec beaucoup de succès dans le marché international et, en très peu de temps, le secteur des exportations vers l'Europe de

---

2. M. Dritsa, *op. cit.*, 54.

3. En tant qu'élève de Bæyer entre 1876 et 1882, Spilios Ekonomidis travaille avec lui sur la
synthèse de l'indigo alors que ses travaux sur la chimie des colorants synthétiques se trouvent souvent publiés dans les *Berichte der Deutschen Chemischen Geselleschaft*.

l'est, l'Asie et l'Afrique, paraît représenter une partie considérable de l'écoulement de la production. Pourtant, dès le début des années 1980, CHROPI est déjà à son déclin, irrémédiablement atteinte par une rencontre malencontreuse de circonstances liées tant aux difficultés internes suscitées dans le domaine de la gestion qu'à la conjoncture politico-économique de l'époque. Suite à l'étatisation de l'entreprise en 1989, on assiste à sa fermeture définitive en 1995.

L'Industrie des Colorants du Pirée est créée au sein d'une petite distillerie spécialisée dans la fabrication des eaux-de-vie, fondée en 1883 par Spilios Ekonomidis. Dès son retour en Grèce, après avoir achevé avec succès ses études en Allemagne et, de ce fait, une fois profondément imprégné " des bienfaits " du modèle industriel allemand, Ekonomidis se jette avec hardiesse dans plusieurs activités touchant à l'industrie chimique. Dans un premier temps il fait venir de Lille des appareils de distillation les plus performants Warein Fils & Defrance, alors qu'en même temps, il met en route la première industrie grecque d'engrais ; ces derniers sont produits par la décomposition du phosphate de calcium des os sous l'action de l'acide sulfurique importé de l'étranger. Dans son établissement d'équipement rudimentaire, tant en matériel qu'en personnel, ses connaissances chimiques lui garantissent néanmoins la capacité de fabriquer de petites quantités de couleurs d'aniline à partir des substances intermédiaires achetées en Allemagne[4].

Solidement convaincu des profits que l'économie nationale pourrait éventuellement tirer de la mise en place d'une industrie de pointe des colorants synthétiques, Ekonomidis finit par y concentrer son énergie et fonde la société S.A. Ekonomidis & Co. Son initiative bénéficie, en outre, de la prise de conscience par le gouvernement des perspectives mises en évidence par cette nouvelle filière industrielle, en particulier dans un pays qui ne s'engage qu'assez tardivement dans la voie d'une certaine industrialisation. Dans le but, donc, d'encourager le monde industriel grec au niveau du marché intérieur, le gouvernement entreprend pour la première fois en Grèce, vers 1884, d'établir une réglementation de protection douanière visant l'importation de certains produits industriels également fabriqués par des manufactures grecques telles que, entre autres, celle du papier, du verre, des articles de coton et enfin des colorants de synthèse.

Pourtant, la concurrence avec les maisons étrangères à propos du prix de vente des couleurs d'aniline dans le marché grec incite, en 1892, à réduire leur taxe d'importation de 8 à 2 drachmes. C'est parce que, comme le précise le premier ministre Trikoupis dans le procès-verbal parlementaire de la séance du 23 décembre1892, " la volonté de la part de l'état de contribuer au bien-être des industries propres au pays telles que celles des tapis, du papier, de la tannerie et surtout de la teinture, oblige à une révision de la taxation des couleurs

---

4. S. Vovolinis, *Grand Dictionnaire biographique*, Athènes, 1959, t. 2, 308-310 (en grec).

d'aniline importées de l'étranger, ces dernières étant à des prix plus avantageux que celles fabriquées chez nous "[5].

Quoique ces freins soient mis au progrès d'une seule industrie pour l'intérêt de toutes les autres, la nouvelle taxation ne décourage point Ekonomidis de la poursuite de son objectif. Et même à long terme, elle entraîne la revalorisation du rendement de l'entreprise parce qu'elle fait surgir la nécessité d'une politique de diminution progressive du coût de production par le biais, d'une part, d'une stratégie plus intelligente d'approvisionnement en matières premières, et d'autre part, de la mise en place de la fabrication systématique de toute la gamme des matières intermédiaires indispensables à l'obtention des colorants de synthèse.

Après la mort inattendue de Spilios Ekonomidis en 1894, c'est son frère Leontios Ekonomidis (1866-1922) qui, en 1895, lui succède à la direction de la firme. Grâce à un génie des affaires égal à celui de son frère, et aussi au moyen de son savoir chimique de très haut niveau, acquis au cours de brillantes études à l'Ecole Polytechnique de Zürich, il donne à l'entreprise un nouvel élan qui la placera parmi les plus puissantes des industries grecques. Tout d'abord Leontios devient propriétaire d'un terrain dans le quartier de Neo Phaliro et il procède aussitôt à la construction d'une nouvelle usine beaucoup plus grande, comprenant plusieurs bâtiments et soigneusement aménagée à l'instar des grands établissements de l'industrie chimique en Allemagne. C'est sous la direction de Leontios que la firme, désormais désignée comme *Industries des Colorants du Pirée* ou en abrégé *CHROPI*, prend sa forme définitive tant au niveau de la gestion qu'au niveau de l'équipement et de la production[6].

LES ANNÉES 1910-1920 : UNE PÉRIODE DE GRAND ESSOR POUR CHROPI, ET LE PASSAGE AU MÉDICAMENT

Dès le début du XXᵉ siècle, Ekonomidis, fortement contrarié par les nombreux inconvénients économiques auxquels l'industrie chimique grecque entièrement assujettie à la tutelle étrangère dans le domaine de l'approvisionnement en matières premières doit faire face, entrevoit la nécessité d'une certaine indépendance. En premier lieu, il se pose la question de la consommation très élevée d'acide sulfurique et de soude dans les différentes opérations de préparation industrielle des produits chimiques, d'où le besoin impérieux de la création en Grèce d'une industrie capable de les fournir en grandes quantités et surtout à bon marché. C'est parce que, comme nous le précise Ekonomidis lui-même en 1909, " les acides et les alcalis constituent la base de la chimie et presque de toutes les industries. Les premiers sont produits dans le pays mais

5. Cité dans G. Anastasopoulos, *Histoire de l'industrie grecque, 1840-1940*, Athènes, 1947, t. 2, 688.
6. S. Vovolinis, *op. cit.*, t. 2, 311-312 (en grec).

leur vente reste à des prix peu avantageux. [...] Pourtant, depuis peu de temps, on a assisté à la fondation d'une société dont, par bonheur, des banques locales se sont empressées de faire partie, et qui a comme objectif la création d'une usine spécialisée, dans un premier temps, dans la fabrication des acides et des engrais, et, dans un deuxième temps, dans celle de la soude. L'acide sulfurique sera produit par combustion des pyrites natifs, originaires de la région d'Ermioni, très riches en soufre (48-50%), et libres d'impuretés telles que l'arsenic. [...] Le bon-marché de l'acide sulfurique ainsi obtenu donnera un nouvel élan au développement de la teinturerie, de la métallurgie, de l'industrie des colorants et d'un grand nombre d'autres industries "[7].

En second lieu, Ekonomidis se préoccupe du problème de l'importation des matières premières organiques, à savoir le benzène et le naphtalène, indispensables à la fabrication des produits intermédiaires des colorants de synthèse. Dans le but de remédier à ce handicap il tâche auprès d'autres industriels de mettre en place une industrie de distillation du goudron de houille. Une telle industrie peut être autant réalisable que rentable étant donné qu'à l'échelon national le goudron obtenu dans les usines de gaz monte à 3000-4000 tonnes par année[8].

Dès le début des années 1920, CHROPI, fortement encouragée par le changement de la situation sur le plan de l'approvisionnement en matières premières, est déjà parvenue à mettre au point toute la gamme des matières colorantes de synthèse qui étaient naguère l'apanage des grands établissements allemands et français, pour s'emparer ensuite non seulement du marché grec mais aussi de certains marchés à l'étranger. Parmi les produits de CHROPI disponibles à l'époque dans le commerce, notons l'ensemble des couleurs d'aniline, les dérivés du naphtalène, la fuchsine, le violet de méthylène, l'alizarine, les naphtylamines, le naphtol, la benzidine, et encore l'ammoniac, l'acide sulfurique, les carbonates, les sulfates[9].

Durant la même période et toujours à l'instar du modèle allemand, une nouvelle filière des produits organiques, celle des médicaments, prend sa naissance dans le sein de l'Industrie des Colorants du Pirée. A partir des substances intermédiaires liées à la synthèse des colorants organiques, CHROPI entreprend la production des principes actifs alors découverts à l'intérieur des laboratoires de recherche des industries chimiques allemandes, et dont le savoir-faire trouve son chemin vers la Grèce par l'intermédiaire tant des chimistes de la firme entraînés à l'étranger que de la bibliographie relative aux progrès du génie chimique en Europe, continuellement mise à la disposition des employés de l'entreprise. On arrive ainsi à la mise au point des spécialités pharmaceutiques

---

7. L. Ekonomidis, " Progrès de l'industrie chimique en Grèce ", *Bulletin de l'Académie du Commerce et de l'Industrie*, t. 13, n° 156 (avril 1909), 177-178 (en grec).

8. *Idem*, 178.

9. I. Hatjioannou, *Album Grec du centenaire national*, Athènes, 1923, t. B1, 132 (en grec).

propres à la maison, dont les procédés de fabrication sont aussitôt brevetés, et qui, par leur excellente qualité, parviennent à rivaliser avec celles lancées par les grandes firmes européennes. En 1921, l'acide acétyl-salicylique sera commercialisé par CHROPI sous le nom de *Saloxine*[10]. Une série de préparations à base d'aspirine s'ensuivent dans les décennies qui viennent, et dont l'*Algon*, apparu dans les années 1950 en tant qu'une combinaison de l'aspirine avec du paracétamol et de la caféine, reste toujours un grand succès sur le marché. Parallèlement aux médicaments, CHROPI ne tarde pas à intégrer dans sa chaîne de production un nouveau secteur, celui des produits d'usage hospitalier, dont la compétitivité constituera beaucoup plus tard une partie considérable de la réputation de la maison à l'étranger.

Quant au potentiel de la firme sur le plan de l'équipement, au moment du premier grand essor il doit être considéré comme assez remarquable par rapport à celui rencontré non seulement dans d'autres industries grecques mais aussi à l'étranger. Les installations à Neo Phaliro seront dotées d'un appareillage des plus modernes importé d'Angleterre et d'Allemagne, alors que l'équivalent énergétique de l'usine montera à 1000 chevaux produits par une turbine à vapeur et un moteur Diesel. Au niveau du personnel, en 1922, on compte 12 chimistes, 3 mécaniciens diplômés et environ 400 ouvriers qui bientôt passeront à 1000[11].

Par ailleurs, une étude des variations du capital immobilier et du chiffre d'affaires de l'entreprise durant les années 1910 et jusqu'à la mort de Leontios en 1922[12], nous permet de remarquer que le développement économique radical de la firme est en phase avec l'essor étonnant de l'industrie chimique grecque à la même période[13].

LEONTIOS EKONOMIDIS : UN CHIMISTE AU SERVICE DE L'INDUSTRIE

En 1922, à propos de la mort de Leontios Ekonomidis, l'industriel I. Barbayannis écrit : " C'est à Leontios que le pays doit la mise au point de l'industrie du ciment, des acides, des engrais, des colorants, etc. En tant que président de la Société des Industriels et des Manufacturiers Grecs, il a montré un dynamisme exceptionnel. Il a contribué au développement de l'industrie nationale, il a publié tant ici qu'à l'étranger plusieurs travaux et articles, il a fait des con-

---

10. *Idem.*

11. S. Vovolinis, *op. cit.*, t. 2, 322.

12. *Idem* (voir annexe 1).

13. Comme le rapporte à l'époque l'Inspecteur général de l'Industrie, Cl. Philaretos, d'après l'inventaire ministériel de 1917, la valeur totale de la production des industries chimiques en Grèce a été évaluée à 23.000.000 drachmes alors que d'après l'inventaire de 1922 (voir annexe 2) elle a monté à 113.000.000 drachmes. Cl. Philaretos, " L'évolution de l'Industrie Grecque au cours des dernières années ", *Bulletin de la Chambre de Commerce et d'Industrie d'Athènes*, n° 2 (1922), 81 (en grec).

férences, et en général il a consacré sa vie au service de la branche la plus précieuse de l'Economie nationale, à savoir l'Industrie "[14].

L'attachement très enthousiaste de Leontios à l'idée de la création en Grèce d'une grande industrie nationale est profondement lié à son éducation de chimiste, acquise d'abord à l'Ecole Polytechnique de Zürich et ensuite à l'université de Munich. Sa carrière de chimiste vouée à l'industrie constitue l'exemple le plus représentatif de l'influence de l'enseignement de chimie et du système technique allemands sur la formation des chimistes grecs durant la deuxième moitié du XIXe siècle[15]. A l'aube de notre siècle, toute la gamme des innovations allemandes dans le domaine de l'industrie se trouve ainsi appliquée en Grèce, y compris la réalisation par des entrepreneurs d'une politique de formation professionnelle destinée à l'industrie. A ce titre notons le financement par CHROPI des études de son propre personnel ; alors que Leontios sera l'initiateur de l'idée de l'instruction technique et scientifique sur le tas par la fondation, à l'intérieur des installations de la firme d'une bibliothèque constamment alimentée des ouvrages scientifiques et techniques publiés en Europe, et dotée des collections complètes des revues étrangères chimiques et industrielles les plus renommées[16].

A côté de son œuvre très féconde, purement scientifique d'ailleurs, ainsi que de ses activités polyvalentes en tant qu'entrepreneur, Ekonomidis devient également l'auteur d'un grand nombre de textes où il tente d'analyser avec pertinence tous les facteurs endogènes et exogènes susceptibles d'intervenir dans l'évolution technique en Grèce. C'est dans un tel but qu'en 1908 il publie son article sur les mesures à adopter par le gouvernement pour encourager les différentes démarches d'industrialisation dans le pays. Parmi ces mesures citons particulièrement les suivantes[17] :

- Protection douanière contre la concurrence extérieure.

- Création partout dans le pays d'institutions d'enseignement technique et industriel, et introduction dans le cursus scolaire des matières techniques élémentaires.

- Renforcement et développement de l'esprit d'association au niveau des entreprises.

- Mise en place d'un système de primes à l'exportation.

- Fondation partout dans le pays de sociétés industrielles et manufacturières chargées de défendre les intérêts des industries locales.

- Constitution par le Ministère de l'Economie nationale d'un comité consultatif pour s'occuper du progrès de l'industrie sur le plan national.

---

14. I. Barbayannis, " Leontios Ekonomidis ", *Bulletin de la Chambre de Commerce et d'Industrie d'Athènes*, n° 12 (1922), 797 (en grec).

15. M. Dritsa, *op. cit.*, 155.

16. A la fin des années 1950, la bibliothèque de CHROPI comprend 3500 ouvrages.

17. L. Ekonomidis, " Sur les moyens d'encouragement et de protection de l'industrie en Grèce ", *Bulletin de l'Académie du Commerce et de l'Industrie*, t. 14, n° 8 (1908), 128 (en grec).

- Organisation régulière d'expositions industrielles sous l'égide du gouvernement ; une politique des prix doit s'y intégrer[18].

De même, la confiance de Leontios dans l'avenir prometteur de l'industrie chimique en Grèce est inscrite dans son rapport de 1909 sur l'état de ses différentes filières rencontrées dans le pays. Ainsi y constate-t-il que " par opposition aux autres industries locales étant en stagnation ou même en régression, l'industrie chimique grecque présente une évolution encourageante. Le pays est doté d'un grand nombre de chimistes spécialisés en industrie, alors que les capitaux se mettent à sortir de leur cercle restreint pour se placer dans des entreprises industrielles "[19].

L'immuable conviction de Leontios Ekonomidis, dans le fait que la création d'une grande industrie nationale est autant nécessaire que possible, sera en outre fortement renforcée par son expérience en tant que délégué du gouvernement grec à l'Exposition universelle de Londres en 1918. Sur ce sujet ses articles parus dans le journal athénien *Embros* à la suite de son voyage en Angleterre sont assez parlants.

C'est donc à travers les initiatives prises par des industriels dévoués à la science ainsi que grâce à l'aide apportée par le pouvoir politique d'une façon néanmoins assez irrégulière, que, au cours des années 1910 et 1920, un nouveau système technique se trouve installé en Grèce autour de l'industrie des colorants de synthèse. En amont on peut y distinguer l'industrie chimique des matières premières et celle des produits organiques intermédiaires, alors qu'en aval on rencontre les industries de consommation, à savoir les textiles, la tannerie, la papeterie et enfin celle des médicaments. L'industrie des colorants de synthèse semble jouer en Grèce le rôle de l'industrie prototype comme ailleurs en Europe mais dans un contexte historique différent, construit par une série de faits relatifs aux efforts d'un pays qui, après avoir subi pour plus de 400 ans les contraintes de l'asservissement à un pouvoir étranger, cherche avec acharnement à se remettre dans le chemin du développement économique et technique.

Quoique la création d'une industrie chimique fine en Grèce durant les premières décennies de notre siècle se heurte souvent à l'absence de toutes structures préalables à l'industrialisation, tant au niveau de la société qu'au niveau du pouvoir, c'est surtout la compétence du génie chimique grec, qui, constamment soutenue par l'accroissement de la demande de la part des consommateurs, paraît avoir décisivement contribué à la réalisation dans le pays d'une

---

18. Un premier effort vers cette direction est dû à l'entrepreneur Evangelos Zappas qui entreprend le financement de la première exposition industrielle nationale en 1859, ainsi que de celles de 1870, 1875 et 1888. C'est également à lui que l'on doit l'édification en 1874, à côté du jardin royal d'Athènes, du Palais des Expositions, dont le plan a été dressé par l'architecte F. Boulanger, achevé dans l'espace de 14 ans par l'architecte T. Hansen, et connu de nos jours sous le nom de *Zappion*.

19. L. Ekonomidis, " Progrès de l'industrie chimique en Grèce ", *Bulletin de l'Académie du Commerce et de l'Industrie*, t. 13, n° 156 (avril 1909), 177 (en grec).

industrie des colorants et des médicaments de synthèse aussi performante que rentable.

ANNEXE 1

Tableau de l'évolution économique de CHROPI durant les années 1910

année	capital immobilier	chiffre d'affaires
1911	500.000 drachmes	500.000 drachmes
1918	2.500.000 drachmes	2.000.000 drachmes
1921	8.500.000 drachmes	5.000.000 drachmes
1922	12.000.000 drachmes	9.000.000 drachmes

ANNEXE 2

Bilan de l'évolution économique de l'industrie chimique grecque
à partir de l'inventaire ministériel de 1922

filière industrielle	valeur de la production
savonnerie	45.000.000 drachmes
engrais	4.000.000 drachmes
térébenthine	3.000.000 drachmes
colophane	4.500.000 drachmes
explosifs	7.200.000 drachmes
verrerie	6.800.000 drachmes
retraitement des tourteaux	30.000.000 drachmes
produits divers	10.000.000 drachmes
huile de coton	1.250.000 drachmes
colorants	1.700.000 drachmes
Total	113.450.000 drachmes

LA TECHNOLOGIE DE LA TEINTURE TRADITIONNELLE AU KERMÈS EN TUNISIE

Issam OUESLATI et Naceur AYED

INTRODUCTION

La Tunisie a été le siège de plusieurs civilisations, qui ont amené leur compétence et ont laissé le plus souvent des oeuvres d'art portant les indices d'une technologie performante touchant à plusieurs domaines. Les colorants naturels ont été largement explorés et exploités. Le kermès a constitué un pigment précieux en Tunisie [(1), (2)] et a servi essentiellement en teinture des fez à Kairouan puis à Tunis [(3), (4), (1), (5), (6)], des tapis à Kairouan [(7), (1)], du cuir, de la soie à Djerba (8) des tentes et couvertures à Oudref (9), et même comme encre des manuscrits en parchemin au Xᵉ siècle à Kairouan (20).

Dans ce travail, nous présentons une étude sur l'historique du kermès, son origine, sa chimie, son emploi, et nous exposons les résultats d'enquête et d'analyse de matériel teint au kermès.

ORIGINE DU KERMÈS EMPLOYÉ EN TUNISIE

Le kermès était autrefois importé d'Espagne, du Portugal, de Provence [(10), (6)] et plus tard (1970) surtout d'Algérie. " Le vermillon ", disait Venture de Paradis en 1789 (11), " cueilli dans la province de Mascara est envoyé à Tunis " (3). On teignait aussi la laine du tricot avec le kermès d'Allemagne avant 1889 (1).

EMPLOI DU KERMÈS EN TUNISIE

L'application du kermès en teinture date de l'antiquité [(12), (13), (14)]. La belle couleur de ses animalcules et la facilité de la fixer sur les fibres textiles ont amené les populations du bassin méditerranéen à tenter son emploi en teinture (15). Ce colorant a été couplé avec la pourpre et l'a remplacée dans la teinture des étoffes [(14), (16), (17), (1)] à cause de sa solidité, sa couleur vermeille très appréciée " écarlate " et son prix [(14), (18), (1)]. En Tunisie, la principale application du kermès concerne la teinture prestigieuse des bonnets (chéchia, fez) (19) dont les premières teintureries furent construites à Zaghouan et après de sérieux conflits ont été transférées à Tunis (3). Actuellement une seule teinturerie est en état de fonctionnement. L'autre application concerne la teinture des tapis, pour lesquels jusqu'à 1883 ou 1884, les teinturiers de Kairouan ne connaissaient que les colorants primitifs de l'antiquité, d'origine animale ou végétale, à l'aide desquels ils obtenaient les couleurs si tendres et si solides tout à la fois et qui ont puissamment contribué, depuis le moyen âge, à la réputation des tapis tunisiens où l'harmonie primitive persiste avec les années (1).

Depuis cette date, seuls les tapis destinés à la consommation locale sont fabriqués avec des laines teintes par les anciens procédés et celles teintes aux colorants synthétiques servent surtout à la confection des tapis de commande (1). Dans le sud tunisien, précisément à Djerba et à Oudref, on teignait la laine, le cuir et la soie pour en fabriquer des tentes, des couvertures, etc. (8). On signale au Musée de Raqqada, à Kairouan, la présence d'encre au kermès sur certains manuscrits en parchemin (20).

LES FEZ TEINTS AU KERMÈS

Dans de nombreux pays musulmans, le port de bonnets comme coiffe a été très pratiqué. La couleur la plus appréciée reste celle du kermès en raison de ses qualités : grande résistance à la sueur, à la lumière, au lavage, ses effets bienfaisants comme ceux qui protègent contre les maux de tête et des yeux [(14), (6)].

Les tunisiens ont connu la chéchia au IIIe siècle de l'hégire (IXe siècle), lorsqu'un groupe d'habitants de Shash en Iran, venus avec une troupe de l'armée de " Khurassan " s'installe à Kairouan où ils instaurent l'artisanat de la chéchia.

Le caractère tyrannique de certains souverains aglabites provoqua l'exode de beaucoup de maîtres artisans, dont les fabricants de chéchia, spécialement vers le Maroc et Al-Andalous (Espagne) où l'industrie de la chéchia a évolué et est devenue une belle technique arabe dans ces pays.

L'exode des Andalous en Tunisie dont la cause était le décret de Philippe III en 1613, ordonnant leur exil, fut l'origine d'une vraie révolution artisanale à Tunis.

On a retrouvé des techniques de sculpture, de soierie, de céramique, de parfums et de la chéchia. Cette révolution n'a fait que donner une impulsion nouvelle à l'artisanat de la chéchia tunisienne (5).

Les longs trajets que doivent faire les chéchias entre Tunis, l'Ariana, El batan et Zaghouan augmentent leurs prix et ralentissent le rythme de la production, mais les artisans étaient très attachés à cette répartition géographique des ateliers (affaire El batan) qui est sensiblement la même que celle des réfugiés andalous. A notre connaissance, il n'y a aucun exposé détaillé sur la technique de la teinture au kermès en Tunisie, que les artisans considèrent comme un brevet industriel à caractère très confidentiel et secret. Pour démasquer ce mystère, nous avons mené des enquêtes auprès des spécialistes de ce métier.

Actuellement, la teinture au kermès est presque inexistante à cause de la pénurie de ce colorant d'importation. Il existe une multitude de produits synthétiques qui n'ont pas du tout pu supplanter le rouge kermès ni en ce qui concerne la teinte, ni sur le plan de la qualité.

Malgré cette situation de crise par laquelle passe la fabrication de la chéchia au kermès, nous avons pu nous procurer un ensemble d'échantillons de bonnets authentiques teints au kermès et à la cochenille depuis plus d'une dizaine d'années et qui constituent les éléments de la collection que nous exposons et qui forment le matériel " ethno-archéologique " sur lequel nous avons effectué l'étude présentée.

Dans l'enquête que nous avons menée auprès des artisans de chéchias (chaouachias), nous sommes parvenus à collecter des informations sur la technologie de la teinture des fez par le kermès.

ORIGINE ET PRÉPARATION DU COLORANT

Le kermès utilisé en teinture des chéchias provenait principalement de l'Algérie (essentiellement des montagnes d'Oran).

Après la récolte, on tuait les insectes, soit en les faisant sécher au soleil (et alors les petits animaux sortent de leurs coques et meurent), puis on les ramassait en faisant avec un peu de vinaigre une espèce de pâte qu'on desséchait. Les coques vides étaient trempées dans du vinaigre qui leur donne une couleur beaucoup plus rouge (15) ; soit on se contentait d'exposer les insectes pendant 30 mn aux vapeurs de vinaigre bouillant puis de les sécher à l'air [(14), (16)] ; soit on les plongeait directement pendant 10 à 12 h dans du vinaigre, puis on les séchait à l'air et on expédiait après dessiccation (15). Une autre préparation signalée en Algérie consiste à piler finement les insectes pour les faire sécher ensuite au soleil (21).

RECETTES DE TEINTURE

Nous décrivons trois recettes signalées lors de l'enquête.

Recette 1 : Principaux ingrédients de mordançage* et de teinture** (pour 30 Kg de chéchias).

Chéchia à 1/4 de kermès	Chéchia à 1/3 de kermès
Eau : 500 litres	Eau : 500 litres
* Alun : 5 à 7 Kg	* Alun : 5 à 7 Kg
* Tartre : 50 g	* Tartre : 200 g
** Kermès : 30/4 Kg	** Kermès : 10 Kg
** Noix de galle (Afs) : 1Kg	** Noix de galle : 1.5Kg
** Sulfate de fer (Azaz) : 5 g	** Sulfate de fer : 5 g

Recette 2 : Principaux ingrédients de mordançage* et de teinture** pour 25 douzaines de chéchias.

Mordançage	Teinture
* Alun : 10 kg	** Kermès : 8 kg
* Tartre : 1/2 kg	** Noix de galle : 1/2 kg
* Eau : 500 litres	** Eau : 500 litres

Remarque : la teinture à la cochenille nécessite 3 kg de cochenille en poudre.

Recette 3 : (22)

Mordançage	Teinture
* Alun : 10 kg	** Kermès : 6 kg
* Tartre : 1/2 kg	** Noix de galle : 1/2 kg
* Eau : 200litres	** Eau : 200 litres

PROTOCOLE DE TEINTURE

Mordançage

Un récipient métallique en cuivre de forme cylindro-conique " *Nhassa* ", encastré dans une paillasse bâtie sert comme cuve de mordançage ou de teinture. Le chauffage de celle-ci est assuré par du bois (autrefois) ou par un brûleur à gaz (actuellement) qu'on introduit dans l'espace en briques réfractaires situé au-dessous de la cuve. A l'eau bouillante on ajoute l'alun qu'on fait fondre dans le récipient en mélangeant avec un bâton en bois mesurant environ 2.50 m appelé " *Fourka* ". On ajoute alors les chéchias blanches qu'on laisse bouillir pendant 6 heures en utilisant le bois comme combustible (1h30 en utilisant le butane comme combustible) ; après quoi les chéchias mordancées sont sorties du récipient de mordançage à l'aide d'une fourche en bois mesurant environ 2.50 m appelée " *Mikleb* " et lavées abondamment à l'eau chaude par piétinement dans un bassin jusqu'à ce que le goût salé des chéchias soit atténué.

Les chéchias sont alors placées par dix dans la presse pour éliminer le maximum d'eau.

Teinture

Dans une autre cuve similaire à la précédente, on chauffe 500 l d'eau auxquels on ajoute le kermès en poudre, le sulfate de fer (*Azaz*) et la noix de galle (*Afs*). On mélange le tout avec le bâton en bois jusqu'à dissolution totale des produits ajoutés. Dans l'eau qui est devenue rouge, on ajoute les chéchias mordancées pour y rester pendant environ 1h30 à ébullition jusqu'à ce que l'eau se décolore par transfert de sa couleur à la fibre. Dans cette importante étape, les chéchias sont évacuées de la cuve et lavées à l'eau pour, d'une part arrêter le phénomène de coloration de la fibre et, d'autre part les refroidir afin de pouvoir les retourner. Les chéchias alors retournées sont remises dans la cuve de teinture pour obtenir une homogénéité de teinte pour les deux faces, externe et interne.

Lavage

Dans un bassin en ciment de forme carrée et d'une largeur de 1.50 m, contenant 5 kg d'argile jaune (marne) dissoute dans de l'eau tiède, les chéchias sont lavées par piétinement par 3 ou 4 ouvriers pendant 1h30. La marne est utilisée pour dégraisser les chéchias qui sont alors placées par dix dans la presse pour éliminer le maximum d'eau. Le séchage au four et la mise en forme précèdent la finition.

Effets thérapeutiques du fez au kermès

Tous les artisans ont signalé les effets thérapeutiques du kermès. Ils étaient tous d'accord sur le fait que le port des chéchias teintes au kermès élimine les maux de tête et engendre un effet bénéfique. Quelques-uns ont signalé l'emploi autrefois chez les femmes, de soutien-gorge en laine vierge teinte au kermès en pensant à l'effet anticancéreux.

Matériel et méthode

Provenance du matériel étudié et prélèvement

Notre étude porte sur des échantillons de fez (chéchias de Tunisie) appartenant à la collection personnelle du Professeur Naceur Ayed. Pour les analyses, nous avons procédé à des prélèvements de fibres teintes et non teintes.

Méthodes d'analyse

Les techniques analytiques ayant permis de traiter ces échantillons de fez sont : la microscopie électronique à balayage (imagerie et fluorescence X), les spectrométries d'absorption atomique (S.A.A), d'émission plasma à courant direct (D.C.P) et la chromatographie liquide à haute pression (H.P.L.C).

RESULTATS EXPÉRIMENTAUX ET DISCUSSION

Analyse élémentaire semi-quantitative des fibres de fez par fluorescence X

Les résultats de cette analyse sont consignés dans le tableau suivant :
Les chéchias CHECH10 et CHECH18 blanches sont cardées mais non mordancées car l'analyse par fluorescence X montre la présence de traces de nickel métallique et de fer indicateurs d'un cardage au cardon métallique et l'absence de potassium stoechiométrique dû à l'alun et au tartre.

L'analyse par microscopie électronique à balayage

Echantillon	O	C	N	S	Al	Si	Ca	Fe	K	Na	Mg	Sb	Cl	Ti	Cr	Ni
Cochenille1	47.691	21.222	31.855													
Kermes1	46.536	25.155	28.309													
Chech1 (k)	37.328	13.976	13.630	17.783	4.261	3.952	2.537	3.196	0.748			0.000			0.845	
Chech4 (c)	29.197	15.676	15.136	32.103	0.314	1.546	1.079	1.922	0.963	0.000	0.000	2.254				
Chech6 (k)	41.916	16.970	15.261	13.521	2.276	2.601	4.356	1.922	0.417	0.000		0.000				
Chech18	38.325	27.196	16.883	6.670	3.685	0.927		3.247	0.000	0.164	0.205	0.771				1.927
Chech10 (interne)	35.143	22.465	17.588	20.085	0.000	0.740	2.856	0.511	0.457	0.000	0.000	0.000				0.154
Chech10 (externe)	37.950	22.296	17.987	11.754	0.403	0.651	2.444	3.509	0.203	0.371	0.225	0.000				2.206
LV (laine vierge)	20.851	15.060	10.382	37.566			16.142									
Tartre	22.479	6.113		4.359		2.404	18.609		46.036							
Marne (surface)	28.268				13.014	34.971	1.192	15.115	4.480		1.826			1.133		
Marne (boule)	28.676				4.741	10.983	0.649	52.737	1.125		0.749			0.340		
Alun	65.854			16.999	8.479				7.010	1.659					0.000	
Cardon	43.921	33.779	22.299													

L'aluminium, le fer seraient des traces de marne correspondant au lavage (dans le prélèvement du milieu de la fibre CHECH10 l'aluminium est absent).

La laine se caractérise par les éléments : Soufre, Carbone, Oxygène et Azote.

Les chéchias teintes à la cochenille (CHECH4) et au kermès (CHECH1 et CHECH6) annoncent de plus fortes teneurs en Oxygène, par rapport à celles du Carbone et l'Azote qui sont équivalentes, comparées aux échantillons sans teinture.

Le mordançage est bien à l'alun comme le montre le spectre par fluorescence X (Al, S, K) ; le phosphore pourrait être un traceur de matière organique naturelle (cochenille et kermès).

Bien que cette technique analytique ne soit pas quantitative, elle permet d'avoir plus d'indications sur les teneurs relatives au niveau d'une surface peu épaisse, ce qui évite la dilution des éléments intervenant dans la teinture et le mordançage dans la masse de la fibre.

Analyse élémentaire quantitative par spectrométrie d'absorption atomique S.A.A et d'émission plasma à courant direct D.C.P :

Les résultats de ces analyses sont regroupés dans le tableau correspondant.

L'analyse par spectrométrie d'absorption atomique (S.A.A) et spectrométrie d'émission plasma à courant direct (D.C.P) de chéchias et de leurs matières premières

Echantillon	Bi	Zn	As	Cd	P	Sb	B	Sn	Hg	Mn	Zr
Chech 18	< 20.00	73.30	42.65	1.66	1466.28	< 10.00	< 20.00	9.32	17.91	6.15	< 1.00
Chech 4	< 20.00	24.19	< 20.00	< 1.00	1671.98	< 10.00	< 20.00	< 5.00	18.40	< 2.00	< 1.00
Chech 6	< 20.00	< 2.00	54.26	2.64	2750.85	< 10.00	< 20.00	23.66	46.23	3.44	< 1.00
Chech 1	< 20.00	< 2.00	< 20.00	4.88	1923.58	< 10.00	< 20.00	17.77	23.90	3.20	< 1.00
Chech 10	39.60	74.45	< 20.00	3.54	1503.64	< 10.00	< 20.00	15.58	20.48	11.60	< 1.00
Cochnil 1	< 20.00	66.86	< 20.00	5.16	7672.33	< 10.00	302.86	22.82	128.00	18.54	< 1.00
Cochnil 2	< 20.00	71.72	136.01	5.27	8915.85	< 10.00	55.56	37.63	154.00	30.60	< 1.00
Kermes 1	<20.00	76.24	20.57	5.43	8352.44	< 10.00	52.60	26.45	146.00	31.00	< 1.00
Kob 0	< 20.00	57.31	25.94	3.01	1603.49	< 10.00	< 20.00	22.73	19.27	2.43	< 1.00
Kob 1	< 20.00	46.01	< 20.00	1.17	1491.86	< 10.00	< 20.00	31.90	18.71	2.42	< 1.00
Laine	< 20.00	67.95	< 20.00	1.95	1677.69	< 10.00	< 20.00	28.17	20.00	10.48	< 1.00

Echantillon	Cu	NI	Fe	Ba	Mo	Co	Sr	Ag	Ge	Ti	Be
Chech 18	70.22	< 2.00	323.61	14.33	11.32	< 2.00	11.51	4.58	5.14	4.03	< 0.10
Chech 4	198.40	< 2.00	98.97	3.45	15.61	< 2.00	< 2.00	< 0.30	6.04	1.32	< 0.10
Chech 6	1027.39	< 2.00	206.20	4.19	16.23	< 2.00	18.38	< 0.30	< 5.00	1.40	< 0.10
Chech 1	379.52	< 2.00	226.74	11.29	12.42	< 2.00	4.95	< 0.30	< 5.00	1.09	< 0.10

Chech 10	10.29	39.60	110.58	3.48	15.62	< 2.00	4.14	< 0.30	< 5.00	1.81	< 0.10
Cochnil 1	15.11	< 2.00	476.66	3.79	11.42	< 2.00	8.46	< 0.30	5.98	40.47	< 0.10
Cochnil 2	12.20	< 2.00	591.74	40.12	8.45	< 2.00	36.52	< 0.30	< 5.00	62.69	< 0.10
Kermes 1	22.38	2.54	749.88	12.70	10.34	< 2.00	17.58	< 0.30	< 5.00	10.98	< 0.10
Kob 0	9.93	< 2.00	73.28	3.01	12.92	< 2.00	20.20	< 0.30	< 5.00	3.13	< 0.10
Kob 1	620.21	< 2.00	138.89	15.04	13.61	< 2.00	10.01	0.47	< 5.00	5.23	< 0.10
Laine	6.77	< 2.00	49.67	7.48	13.64	< 2.00	2.75	< 0.30	< 5.00	2.17	< 0.10

Echantillon	Ca	Mg	W	Pb	Al	Na	Cr	V	K
Chech 18	3921.83	91.64	< 10.00	17.47	120.55	1230.97	4.21	7.81	< 10
Chech 4	118.28	18.28	< 10.00	< 5.00	48.48	1450.54	< 1.00	6.35	< 10
Chech 6	1130.09	58.69	< 10.00	< 5.00	3046.25	1517.20	< 1.00	6.73	47
Chech 1	610.16	71.26	< 10.00	< 5.00	3704.85	1337.10	< 1.00	6.28	45
Chech 10	1542.97	106.17	< 10.00	8.27	41.06	1272.71	1.56	5.86	< 10
Cochnil 1	1003.97	1760.47	< 10.00	11.63	358.76	1704.74	< 1.00	5.33	7435
Cochnil 2	5040.61	2414.06	< 10.00	7.42	181.20	1892.74	< 1.00	10.28	8026
Kermes 1	5159.80	1895.86	< 10.00	20.94	430.88	1593.74	< 1.00	9.17	1.02%
Kob 0	1168.71	291.57	< 10.00	< 5.00	45.33	4658.29	< 1.00	7.29	76
Kob 1	1284.16	86.52	< 10.00	5.41	62.80	1383.57	< 1.00	5.76	147
Laine	575.50	101.931	< 10.00	< 5.00	34.02	1460.46	< 1.00	4.62	1049

Il ressort de ces analyses les indications suivantes :

Les chéchias non teintes au naturel CHECH18 et CHECH10 montrent les plus faibles teneurs en phosphore (0.15%), ceci est le cas pour la laine alors que le taux du phosphore est plus élevé (0.17 à 0.28%) dans les échantillons teints à la cochenille CHECH4 et au kermès CHECH1 et CHECH6. Cet élément fort présent dans les échantillons de COCHENIL1 et 2 et de KERMES1 (0.8 à 0.9 %) est une confirmation de notre constatation.

Le fer suit pratiquement le même profil que le phosphore.

Les chéchias au kermès se distinguent des échantillons du lot par une plus grande richesse en cuivre, en aluminium, en phosphore et en fer et aussi par une plus faible teneur en zinc et en plomb.

Les chéchias blanches avant teinture montrent des traces de chrome qui les distinguent des autres échantillons teints.

On note que les produits de référence relatifs à la cochenille naturelle d'Espagne et le kermès d'Algérie renferment des teneurs importantes en fer, en calcium, en magnésium, en phosphore et en potassium. Certains autres éléments pourraient servir d'indicateurs tels le bore, le mercure, le manganèse et le titane.

Etant donné que l'analyse a porté sur un échantillon de laine teinte après mordançage, les proportions entre, d'une part, les composants de la teinture et du mordançage et, d'autre part, ceux de la laine sont faibles ; c'est pour cela que les teneurs en éléments indicateurs des étapes de teinture sont faibles par cette technique analytique.

Chromatographie liquide à haute performance (HPLC)

Cette analyse a été réalisée sur deux échantillons de fez supposés être teints au kermès.

Les résultats obtenus montrent qu'il s'agit d'un mélange de kermès et de cochenille. Les proportions en matières tinctoriales (acide carminique ca, acide kermésique ka et acide flavokermésique fk) sont :

ca / fk / ka : 6.3 / 9.0 / 84.7   pour CHECH6

ca / fk / ka : 9.9 / 10.4 / 79.7 pour CHECH7

Sachant que la cochenille renferme essentiellement ca et ka accompagnés de faibles quantités de fk, et que le kermès contient essentiellement ces deux derniers acides et se distingue par l'absence de ca, nous concluons que les chéchias CHECH6 et CHECH7 sont teintes au kermès utilisant un bain de teinture ayant servi préalablement pour réaliser une opération de teinture à la cochenille. Ceci est une preuve d'une bonne compatibilité entre les deux colorants naturels.

REMERCIEMENTS

Nous remercions vivement Dr. J. Wouters de l'IRPA, Belgique, qui a réalisé l'analyse par HPLC de deux échantillons de fez de Tunisie.

La Société chimique Prayon Rupel m'a accordé une subvention qui m'a permis de participer à ce Congrès, je remercie ses responsables ainsi que l'équipe du Professeur Halleux.

BIBLIOGRAPHIE

1. V. Fleury, " Les industriels indigènes de la régence ", *Rev. Tun.* (1896), 175-197.

2. Pelouze, " Art du teinturier sur laine ", *Dictionnaire technologique*, (nouvelle éd.), Vol. 10, Bruxelles : Lacrosse, 1839, 369.

3. S. Ferchiou, *Techniques et Sociétés, exemple de la fabrication des chéchias en Tunisie*, Paris : Institut d'ethnologie, 1971.

4. Combet, " Note sur quelques procédés de teinture en usage à Tunis ", *Rev. Tun,* 9 (1896), 130-132.

5. M. Annabi, Traduit par M. de Epalza, sous le titre : " La chéchia tunisienne ", dans *Etudes sur les moriscos andalous en Tunisie* (Tunis, 2 octobre 1970), 304-307.

6. J. Girardin, *Leçons de chimie élémentaire appliquée aux arts industriels*, vol. 4, 6ᵉ éd., Paris : Masson, 1880, 271.

7. L. Monge, *Leçons de teinture*, Tunis : B. Borrel, 1911.

8. L. Coustillac, " Teinture végétale dans le sud tunisien ", *Cahiers des arts et techniques d'Afrique du Nord* (1959), 129-135.

9. L. Coustillac, " Teinture végétale à Ouedref ", *Cahiers des arts et techniques d'Afrique du Nord* (1951-1952), 24-40.

10. Dr. Peysonnel, Rapport en 1724 (après mission en Berbérie pour recherche d'Histoire Naturelle).

11. Venture de Pradis, Trad. ds. *Revue Africaine* ; Réuni en volume, ed. Fragnan, Alger, 1848.

12. R. Halleux, *Les Alchimistes grecs*, t. 1, *Papyrus de Leyde et papyrus de Stockholm*, Paris, 1981.

13. M. Berthelot, *Les origines de l'alchimie*, Paris, 1885 (réimp. en 1938).

14. D. Cardon, *Guide des teintures naturelles*, Suisse : Ed. Delachaux et Nestlé, 1ᵉʳ trimestre 1990.

15. V.G. Planchon, *Le kermès du chêne-vert, au point de vue zoologique, commercial et pharmaceutique*, Thèse de l'école supérieure de pharmacie de Montpellier, 1864.

16. M. Lombard, *Les textiles dans le monde musulman du XIIᵉ siècle*, France : Ecole des hautes études en Sciences sociales et Mouton Éditeur, 1978.

17. G.W. Leibnitz (ed.), *Gervasü Tilberiensis Otia Imperialia ad Ottonem IV*, Hanovre, 1707.

18. *Testament* de Jean de Meung : " Amour d'omme envers fame n'est mie tainte en graine, par trop pou se destraint, por trop ou de desgraine... ", cité par F. Godefroy, *Dictionnaire de l'ancienne langue française*, Paris, 1938.

19. L. Olivier (éd.), *La Tunisie*, Paris : Delagrave, 1898, 245 p.

20. Collection du musée de Raqqada, Kairouan, Tunisie.

21. L. Bonnet, *L'industrie du tapis à la Kalaa des beni-Rached (Oran)*, Alger : Jules Carbonel, 1929.

22. A. Verecken, Dyeing with kermes is still alive !, in *JSDC*, Vol. 105, n° 11 (November 1989).

PART TWO

BETWEEN THE NATURAL AND THE ARTIFICIAL
MATERIA MEDICA AND PHARMACY

INTRODUCTION

Patricia ACEVES PASTRANA et Ana Maria ALFONSO-GOLDFARB

Dans l'historiographie des sciences, les études sur la matière médicale et la pharmacie ne sont pas encore suffisamment nombreuses et elles ne couvrent pas non plus le thème dans sa totalité, alors que le développement de ces domaines remonte très loin dans le temps. De la même manière, dans les pays latino-américains et européens, les études existantes présentent des carences très marquées en ce qui concerne la publication d'ouvrages qui traitent de façon conjointe l'histoire de ces thèmes.

ANTÉCÉDENTS

Face à cette situation, les chercheurs regroupés dans le Réseau d'Échanges pour l'Histoire et l'Épistémologie des Sciences Chimiques et Biologiques (RIHECQB, en espagnol), a décidé d'organiser sa Septième Rencontre autour du thème " Matière médicale, thérapeutique et pharmacie intercontinentales " dans la ville de Puebla (Mexique) du 16 au 19 octobre 1996 et a publié le livre *Pharmacie, Histoire Naturelle et Chimie Intercontinentales*[1]. Afin de développer les recherches engagées, ce même groupe RIHECQB a ensuite tenu une rencontre dans la ville de Buenos Aires (Argentine) sur le thème " Histoire de la matière médicale Europe-Amérique " du 13 au 16 octobre 1997 et publié l'ouvrage *Construction des Sciences Chimiques et Biologiques*[2]. C'est dans la poursuite de ces activités que le groupe a organisé, au cours du XXᵉ Congrès International d'Histoire des Sciences (20 au 26 juillet 1997 à Liège (Belgique), un symposium sur le thème " Entre le naturel et l'artificiel ". Il a été divisé en deux sections : I) " Matière médicale et pharmacie " coordonnée par les Drs

1. Patricia Aceves (ed.), *Farmacia Historia Natural y Quimica Intercontinentales, en Estudios de Historia Social de Las Ciencias Quimicas y Biologicas*, México, UAM-X, 1996.
2. Patricia Aceves (ed.), *Construyendo las Ciencias Quimicas y Biologicas, en Estudios de Historia Social de las Ciencias Quimicas y Biologicas*, México, UAM-Xochimilco, 1998, V. 5.

Ana Maria Alfonso-Goldfarb et Patricia Aceves ; 2) " Biological and medical approaches to improve the life " (Approche biologique et médicale pour améliorer la vie), coordonnée par les Drs Luzia Castañeda Vera Machline, et Virginia Gonzàlez Claveràn. Sous les auspices du Professeur Robert Halleux, la plus grande partie des travaux présentés lors de la première section de ce symposium sont inclus dans ce volume, et ils sont regroupés selon leur affinité thématique avec les contributions présentées dans le cadre de ce même Congrès, au symposium " Colorants et Médica-ments " (Dyestuffs and Medicines), organisé par les Professeurs Gérard Emptoz et Robert Fox (voir plus haut).

L'INTÉRÊT RENOUVELÉ POUR LA MATIÈRE MÉDICALE

La fin prochaine de ce millénaire et le début du nouveau nous placent dans une perspective de longue durée dans laquelle notre existence apparaît comme liée à un passé qui est présent et qui nous accompagne. En effet, l'étude des productions de la Nature et la recherche des bénéfices qu'elles peuvent apporter à l'humanité ont été une constante manifestée tout au long des millénaires. De plus, on observe actuellement un intérêt croissant pour les médicaments d'origine naturelle et, par conséquent une augmentation d'études anthropologiques, historiques, chimiques et thérapeutiques des drogues en provenance des trois ordres de la nature ; drogues qui, du fait de leurs effets pharmacologiques sont, ou ont été, utilisées dans différentes cultures. Tout ceci a pour but de tirer profit de la richesse de l'arsenal pharmacologique existant dans la nature, avec la multiplicité des structures chimiques que cela implique, et qui peuvent conduire au développement de nouveaux médicaments ou bien à la découverte de nouvelles applications. Cet intérêt renouvelé pour les médicaments naturels a donné lieu dans quelques pays à la création de jardins botaniques où sont cultivées diverses variétés de plantes et où sont réalisées des recherches systématiques dans l'orientation mentionnée ici, ainsi qu'au développement de projets de recherche de pharmacologie historique.

D'autres raisons qui soutiennent un regain d'intérêt pour l'histoire de la matière médicale sont associées non seulement à la genèse et au développement des disciplines et des professions liées à cette matière, mais également à la réaffirmation des racines et des capacités spécifiques de chaque pays face aux processus de globalisation de cette fin de siècle.

CONSIDÉRATIONS SUR LES TRAVAUX DU SYMPOSIUM

L'ensemble des travaux présentés dans le Symposium de Matière Médicale et Pharmacie offre au lecteur une vision panoramique du thème traité, vision qui s'étend de l'Ancien Testament jusqu'au XIXe siècle et comprend les régions géographiques des continents européen, américain et asiatique.

Bien que les travaux du symposium ne suivent pas une seule ligne d'analyse, la pluralité qui en découle est fort enrichissante. En effet, elle donne accès à une mosaïque de problématiques, traitées de points de vue différents, qui permettent la présentation de nuances de la réflexion historique, épistémologique et sociologique. Tout ceci est le produit de recherches diligentes effectuées à partir de sources primaires et de bibliographies spécialisées. Des particularités qui, d'après nous, font de ce volume un ouvrage de consultation de base pour ceux qui s'intéressent à ces sujets.

Il faut souligner que les échanges scientifiques et culturels discutés dans les études mentionnées nous montrent quelques-uns des mécanismes de leur création, de leur diffusion et de leur assimilation. Dans cette rubrique nous considérons comme particulièrement intéressants :

- Les caractéristiques du développement de la matière médicale et de la pharmacie de l'Antiquité jusqu'au XIXe siècle.

- La relation étroite entre la matière médicale, la pharmacie, la médecine et la chimie.

- Le processus de formation des conceptions théorico-pratiques, des méthodologies et des traditions scientifiques dans ces domaines de la connaissance.

- Le rôle joué par l'activité réalisée sur le terrain de la matière médicale et de la pharmacie dans la construction de la praxis scientifique moderne.

- La nature des échanges scientifiques et culturels dans des régions géographiques colonisées et indépendantes.

Au long du grand parcours dans le temps que dessinent les travaux du Symposium, trois de ces travaux se réfèrent à des cultures anciennes : le Dr José Luis Goldfarb analyse les références de l'herbe mandragore présentes dans les textes bibliques et fournit d'intéressantes hypothèses dans la discussion des significations et des usages médicaux de cette plante dans la culture juive antique. L'étude du Dr Ana Maria Alfonso-Goldfarb, centrée sur le monde arabe du Moyen Âge, établit qu'au cours des IXe et Xe siècles, les pharmacopées de diverses traditions furent incorporées et réinterprétées à la lumière des connaissances arabes dans un processus de reflux d'information à travers différentes époques et différents lieux. Carlos Viesca Trevino et ses collaborateurs étudient d'anciens livres indigènes mexicains et trouvent une typologie de quelques maladies mentales ainsi que des traitements prescrits pour leur guérison, traitements qui comprennent des plantes et des minéraux ; dans l'analyse des remèdes utilisés, sont discutés les propriétés pharmacologiques des substances et le rôle qu'elles jouent dans les cultures pré-hispaniques.

Quelques aspects des ouvrages concernant la distillation, la matière médicale et la pharmacie de l'Europe de la Renaissance baroque, sont décrits par les Drs Maria Helena Roxo Beltràn et Martha Baldwin. La première pose de nouveaux repères sur la dissémination des pratiques chimiques dans la préparation des médicaments traditionnels à travers des processus d'impression et d'édition de livres. La seconde examine la littérature pharmaceutique et médicale en relation avec les vipères et les théories qui justifient leur utilisation dans la préparation de médicaments, malgré les attaques rationalistes lancées contre ces pratiques au XVIIIe siècle ; pour expliquer la survie de ces ingrédients médicinaux, l'auteur suggère que celle-ci est due aux positions conservatrices " essentielles " de la matière médicale européenne et au faible succès de l'expérimentalisme émergent.

Les trois derniers travaux peuvent être regroupés autour de la problématique des régions qui ont connu un régime colonial. Dr Patricia Aceves met l'accent sur l'importance de certains travaux européens réalisés dans le territoire mexicain au cours du XIXe siècle, en ce qui concerne l'application des pratiques scientifiques modernes liées à la pharmacie, la chimie et la médecine. Dr Marcia Mendes Ferras s'intéresse à la matière médicale luso-brésilienne dans les ouvrages de quelques naturalistes voyageurs des débuts du XIXe siècle, et elle s'attache particulièrement à l'exposition des idées médicales qui accompagnent les recettes médicales décrites dans ces textes. Enfin Dr Ana Maria Huerta analyse le contenu de la première matière médicale publiée dans le Mexique indépendant et les tendances principales des auteurs qui exercèrent une influence sur cet ouvrage.

UN CALENDRIER DE TRAVAIL POUR L'AVENIR

Les travaux réunis dans ce volume sont la preuve de l'existence d'un nombre important de chercheurs qui se consacrent spécialement à l'étude historique des relations entre la pharmacie, la chimie et la médecine. Des chercheurs qui, jusqu'à présent étaient individuellement intéressés par ces thèmes d'intérêt commun et partageaient une même problématique d'étude, mais qui n'avaient pas encore pu s'organiser ensemble, peut-être du fait de la frontière culturelle et géographique que représente le vaste espace des océans entre les continents.

La tâche à réaliser à court et moyen terme vise à l'établissement d'un réseau de recherche plus vaste, à l'intérieur d'un espace formé par l'Union Internationale d'Histoire et de Philosophie de la Science, Division d'Histoire des Sciences, et des différents groupes de recherche en activité, en particulier avec celui des Colorants et des Médicaments.

L'ouvrage que nous avons sous les yeux est sans aucun doute un pas dans cette direction, il nous reste à planifier les actions futures, peut-être sous la forme de rencontres soumises à un calendrier de travail commun, actions qui puissent donner lieu à d'autres ouvrages permettant de résoudre peu à peu les interrogations et de poser de nouvelles questions et problématiques de recherche.

REMERCIEMENTS

Nous remercions le Professeur Robert Halleux de son appui pour la réalisation de ce symposium ainsi que pour l'aide économique offerte à plusieurs de ses intervenants pour leur venue au XXᵉ Congrès International d'Histoire des Sciences.

New Drugs in Old Compendia
A Panoramic about the Medieval Development
of *Materia Medica*

Ana Maria ALFONSO GOLDFARB

Early this century, a distinguished Assyriologist defined the practice of compiling old documents while introducing changes as " a characteristic trait of the literary composition among the Semites at all times "[1], from the Gilgamesh Epic up to the huge written production in Arabic, not forgetting the Bible...

This thesis, actually a pale heritage from the nineteenth century, proposed searching for a locus of original ideas, outside the Semitic environment. Studies on the medieval Arabic World in particular, as it is well known, turned towards Greek sources[2].

Regarding *Materia medica*, the traditional source was Dioscorides' famous work on the subject, which rendered a number of historical accounts oftentimes incomplete, and even contradictory. On the overall, these accounts tended to consider Dioscorides' work a paradigmatic " old treatise ", in which " new drugs " could be included. Yet, these drugs were " new " only because they were unknown to the Greco-Roman Antiquity, for they were very well known by other ancient cultures, which, in turn, passed them on to the Arabic people[3].

It comes to no surprise that this compulsory Greek framework — in which the old and the new do not have chronological value — gave rise to rather odd accounts of the process of translation and assimilation of Dioscorides' work.

---

1. M. Jastrow, *Aspects of Religious Belief and Practice in Babylonia and Assyria*, London, New York, The Knickerbocker Press, 1911, 248-249.

2. See, for instance, G.E. von Grunebaum, *Islam and Medieval Hellenism : Social and Cultural Perspectives*, London, Variorum Reprints, 1976 ; or M. Meyerhof, " On the Transmission of Greek and Indian Science to the Arabs ", *Islamic Culture*, vol. XI (1937) ; this thesis has presently been criticized ; see, *Isis*, vol. 83, n° 4 (dec. 1992), " Special Section : The Cultures of Ancient Science " (several authors), 547-607 ; M. Bernal, *Black Athena*, vol. I, chaps VI-IX.

3. M. Meyerhof several studies, in *Ciba Symposia*, vol. IV, numbs. 5-6, are an excellent example of this trend of reasoning.

As maintained by some of them, this process would last almost a century, because when the first translation of this work was made, by the school of Hunain ibn Ishaq, a number of substances did not have an equivalent name in Arabic. Thus, before the Caliphate of Cordoba, in the tenth century, it would be improper to speak about a complete *Materia medica* in the Arabic language[4].

In other words, only after the *Tafsir asma' al-adwiya al-mufrada min kitab Diyusquridus* (Book of Explanation of the Names of Simple Medicines Extracted from the Book of Dioscorides), written by Ibn Jul-Jul, the Arabic World came to know properly the substances, their links and, therefore, the purposes of Dioscorides' paradigmatic treatise. As a consequence, another work by Ibn Jul-Jul, *Maqala fi dikr al-adwiya lam yadkur-ha Diyusquridus* (The Eighth Treatise on what Dioscorides does not Mention in His Book), was regarded as the first complementary writing to the Dioscoridian work, as well as the first major Arabic contribution to *Materia medica*[5]. This, not withstanding the fact that most of the " new " substances in Jul-Jul's treatise had already been widely used in the Arabic World, since the ninth century, as testified by works of Ibn Masawaih and Al-Kindi, which shall be seen later on[6].

Within this trend of reasoning, there is an interesting strand worth mentioning, which considers that full works related to *Materia medica* in the Arabic language actually existed since the first translation of Dioscorides' work by the school of Hunaim ibn Ishaq[7]. This basic translation would have inspired the first *Aqrabadhin* (formularies) and even a first *Minhaj* (Book of Rules), both of which provided a considerable part of the substances known by Dioscorides to all those related to the medical profession[8].

In any case, limitations in the line of reasoning above have already been noticed by some scholars. For instance, when studied by Martin Levey, Al-Kindi's *Aqrabadhin* revealed, among other things, to be possibly previous to the first translation of Dioscorides' work. Moreover, the arrangement of the substances in the *Aqrabadhin* seems to follow a practical order based on affinities of medical use. This arrangement, therefore, does not correspond to any

4. See again M. Meyerhof " Esquisse d'Histoire de la Pharmacologie et Botanique chez les Musulmans d'Espagne ", *Al-Andalus*, Vol. III (1935) ; and G.F. Hourani " The Early Growth of the Secular Sciences in Andalusia ", *Studia Islamica*, Vol. XXXII (1970), 151 *passim*.

5. See the work of Ibn Jul-Jul *in* I. Garijo (ed., trans.), Ibn Yul Yul, *Tratado Octavo*, Universidad de Córdoba, 1992.

6. About these works of Ibn Masawaih and Al-Kindi see *in* M. Levey, " Ibn Masawaih and His Treatise on Simple Aromatic Substances ", *Journal of the History of Medicine*, Vol. XVI (1961) ; and again Levey (ed., trans.) *The Medical Formulary or Aqrabadhin of Al-Kindi*, Madison, London, The Univ. of Wisconsin Press, 1966.

7. See, for instances, C.E. Dubler, *La " Materia Medica " de Dioscorides*, Vol. 1, CSIC, Barcelona, 1953, 51 *passim* ; or D. Jacquart, F. Micheau, *La médecine arabe et l'Occident médiéval*, Paris, Maisonneuve et Larose, 1990, 138-139.

8. S. Hamarneh " The Climax of Medieval Arabic Professional Pharmacy ", *Bulletin of the History of Medicine*, Vol. XLII, n° 5 (Set-Oct 1968), 453 *passim*.

of the theoretical rules prescribed by Galen, whose works were well known by Al-Kindi[9]. Last but not least, a philological survey undertaken by Martin Levey reveals that only 23% of the substances are originally Greek words, while 33% are Mesopotamic in origin. This figure, together with an Oriental array of words originally Persian, Chinese and Indian, represent between 60 and 70% of the substances mentioned in Al-Kindi's work[10]. Thus, there is even the danger of reversing the traditional line of thought and concluding that : we actually have a " new treatise " based on " old drugs " !

To avoid such extreme positions, it seems appropriate to reconsider the Medieval Arabic *Materia medica* in the light of a wider set of sources. Certainly, one should not neglect the influence of Dioscorides' treatise, as well as that of other Greek works. Yet, one must necessarily consider other major influences, long forgotten or neglected to second rank, such as oral tradition. For instance, one of the substances Ibn Jul-Jul added to Dioscorides' treatise is the so called " horn of wrath ", which he identifies as " viper horn ". This substance gave rise to marginal notes by late copyists since sometimes it was identified as the tooth of a sea animal. Used in expensive objects and jewels, this " horn of wrath " was thought proper to the treasure of a king, rather than a subject of *Materia medica*[11].

It is quite possible, however, that Jul-Jul was referring to the horn of a viper typical from the Mesopotamian region, namely, the *Cerastes cornutus*, whose little horn-shaped scaled in the forehead gave rise to assorted legends, including the myth of the dragon-snake — or " furious snake ", already known in Sumerian times[12]. These scales, believed to have magic powers, were used in Mesopotamian magico-medical formularies. They were also alluded to in ninth-century hermetic texts, which were a *compositum* of medicine, alchemy and magic. One may suppose that, because the " horn of wrath " comes from popular and oral culture, its function could be more symbolic than therapeutic. Yet, it is worth pointing out that this substance occurs in recipes apparently intended to obtain queratine[13].

Another example also linked to oral tradition occurs with Al-Kindi. In his work, according to a common belief already known in India, *dar sini* (cinnamon-from-China), is included in the recipe of a tonic supposed to bring happi-

9. M. Levey (ed., trans.), *The Medica...*, *op. cit.*, " Introduction " ; about the rules of Galen see O. Temkin, *Galenism*, Ithaca, London, Cornell Univ. Press, 1973, especially chap. II.

10. M. Levey " Some Facets of Mediaeval Arabic Pharmacology ", *Transactions & Studies of the College of Physicians of Philadelphia*, Vol. XXX (1962-63), 160.

11. I. Garijo (ed., trans.), Ibn Jul-Jul, *op. cit.*, entrance 44, and Garijo's study, 69.

12. F.A.M. Wiggermann, *Mesopotamian Protective Spirits the Ritual Texts*, Groningen, STYX & PP Publications, 1992, 147 *passim*.

13. About the Mesopotamian magico-medical formularies see P. Herrero, *La Thérapeutique Mésopotamienne*, Paris, Editions Recherche sur les civilisations, 1984, 47 ; as an example of the ninth century hermetic texts see *K. Dajirat Al-Iskandar* (The book of Alexander Treasure), Ms., cod. 947, Derenbourg cat. of Arabic Mss., Library of the Escorial, Spain.

ness. This spice could also be used as a tonic for the stomach and the liver, as already prescribed by Dioscorides. However, both the origin and the tradition of the cinnamon referred to by Al-Kindi derives from Ceylon, India, and China, and was certainly unknown to Dioscorides. Likewise, it is believed that Al-Kindi was possibly referring to the *Cinnamomum ceylanicum Nees*, which had previously appeared in a work by Ibn Masawaih. The latter sustains the superiority of the cinnamon-from-China over other varieties of cinnamon and advocates its use to cure female diseases, just like Dioscorides. Yet, neither Masawaih nor Al-Kindi knew Dioscorides' treatise. For that matter, it is believed that their information — certainly richer than Dioscorides', came from other sources, possibly deriving from local tradition. For example, among the varieties of cinnamon described by Ibn Masawaih, there is the *girfah*, which, differently from the *dar sini,* seems to be a strain of cinnamon known throughout the region long ago[14].

This example suggests a process of exchange which allowed alien as well as local developments of information in different times and places, later on blended in Al-Kindi's and Ibn Masawaih's compilations. A particular instance of this process would be the so-called " reflux ", whereby information about a certain substance, after a long journey in space and time — one that might include the Greco-Roman World — returns to its original starting point[15].

A possible example is the therapeutical use attributed to a number of *mezzo* Oriental resin-like balsams which were also known to the Greco-Roman Antiquity. Such balsams include the blue bedelium (*Balsamodendrum Mukul H.*). Called *kur azraq/muql*, this word was frequently used to name both the tree and the resin. This plant grew in Arabic or Indian soil, and its resin was well-known by ancient peoples of these regions. Dioscorides refers to the *lacrima* of the Saracen tree and distinguishes the transparent resin from the blackcolored one, which was poorer in quality. According to him, the former was good to break stones and other concretions in the body. Apparently ending the " reflux journey " of this resin, Ibn Jul-Jul includes the blue bedelium in Galen's great theriac on account of its smoothing qualities[16].

Likewise, the same information continued to evolve in its native region. As it is known, this resin is already mentioned in the Old Testament. Later on, Al-Kindi will equal the blue bedelium to the purest Jewish bedelium. He will also refer to the pharmacological use of this drug in compounds in cases of epilepsy and insanity ; moreover, in a particular circumstance, he recommends bedelium to dissolve or smooth away tumours. In this case, it is quite obvious that

14. M. Levey, " Ibn Masawaih... ", *loc. cit.*, 398 and 405 ; Al-Kindi, *op. cit.,* entrance 96 ; Dioscorides, *The Greek Herbal*, J. Goodyer (trans.), R.T. Gunther (ed.), New York, Hafner, 1959, bk. I, entrances 12 and 13.

15. M. Ullmann, *Islamic Medicine*, Edinburgh, Univ. Press, 1978, 24 *passim..*

16. Dioscorides, *op. cit.*, bk. I, entrance 80 ; Ibn Jul-Jul, *Tratado sobre los Medicamentos de la Tríaca*, I. Garijo (ed., trad.), Universidad de Córdoba, 1992, fl. 1v.

Al-Kindi resorted to information provided by oral, regional tradition : " Abu Abdullah ibn 'Amar was treated with it for something he had on the back of the neck and it was dispersed... The nephew of Al-Rahim had one like a cucumber on the lower part of his belly and it was difficult to cure " (eventually he gave another recipe for this case...)[17].

This work, therefore, is not an old treatise in which new drugs were included... Nor is it a new treatise in which ancient drugs were simply rearranged. Research in the last decades is gradually revealing that even in the Roman Antiquity, in addition to theoretical works like those by Galen, oral tradition, along with exchange among various cultures, has left conspicuous traces in medical texts[18].

According to some scholars, Dioscorides himself absorbed in his *De materia medica* a great deal of this tradition. J.M. Riddle, an expert on Dioscorides, suggests that his *Materia medica* was grouped by affinity of therapeutical use. In other words, he avoided the great theoretical debates at his time in relation to each drug. Riddle maintains that only modern studies in pharmacognosy and phytochemistry made possible to unridde Dioscorides' rather odd arrangement[19]. As pointed out earlier, a similar pattern also appears in Al-Kindi's *Aqrabadhin*, in spite of his familiarity with Galen's work and his complete ignorance of Dioscorides' *Materia medica*.

In conclusion, to understand the structure underlying treatises such as those by Dioscorides and Al-Kindi, maybe one should look, not only two thousand years after Dioscorides, but also two thousand years before him. After all, during these *millenia*, Mesopotamian therapeutics, as shown by its formularies, inaugurated the model followed by Al-Kindi[20].

Perhaps the art of compiling and glossing ancient texts among the Semites has eventually been a way of maintaining tradition and allowing future developments not only in *Materia medica*, but in several branches of knowledge.

17. Al-Kindi, *op. cit.,* entrance 49.

18. V. Nutton, " From Medical Certainty to Medical Amulets : Tree Aspects of Ancient Therapeutics ", *Clio medica*, Vol. XXII (1991) ; G.E.R. Lloyd, *Science, Folklore and Ideology : Studies in the Life Sciences in Ancient Greece*, Cambridge, London, New York, Cambridge Univ. Press, 1986, 202-203.

19. J.M. Riddle, *Dioscorides on Pharmacy and Medicine*, Austin, University of Texas Press, 1985, chap. V.

20. P. Herrero, *op. cit.*, 20 *passim.*

PLANT TREATMENT FOR MENTAL ILLNESSES AND DISEASE TAXONOMY IN NAHUATL PREHISPANIC MEDICINE

Carlos VIESCA T., Mariblanca RAMOS and Andrés ARANDA

Mental illnesses and their treatment have been a relatively common theme among Mexican scholars studying medicine and medical concepts in ancient Mexican cultures. The first studies were conducted by medical scholars like Francisco Flores and for the next fifty years this was a field cultivated mainly by medical doctors and psychiatrists interested to demonstrate the existence of modern mental illnesses in prehispanic Mexico and the native doctors' (tícitl, pl. titici) capacity to recognize it. The trend of most of them was eminently narrative, mentioning some nahuatl names for mental diseases, giving account of some culture related facts, as was the involvement of the Tezcatlipoca, the nightsun god, in sending mental illness as a punishment for sinners, and making accurate treatment descriptions including plants lists and some identification proposals. In general terms, their tendency was positivist, thinking all of them in the only possible medical knowledge development certainty and identifying it with Western biomedicine. So, all other different medical systems, examples and possibilities were seen as fragmentary, exotic or underdeveloped intents which may have some factual personality only in the measure as can show prefigurations or correspondences with some later Western scientific discoveries or advances.

The same authors always insist on the inherent rationality owned by Aztec medicine and the existence of a considerable empirical knowledge amount seen as a kind of warranty for a prescientific level attainment. Historicist tendencies are also present in the same studies disguised as a hard machinery comparing and confronting 16th century Aztec medicine with Spanish medical lore at the same epoch, and making exaggerated nationalistic utterances.

Mental illness analysis runs also in a very speculative way, relating closely all these items with modern psychiatric classifications, from late 19th century French and German systems like those of Griesinger, Regis or Kraepelin. So, it is easy to understand why papers are directed to prove schizophrenia or maniac psychosis existence among prehispanic Mexican people[1]. Other authors, opposed this view sustaining psychoses absence in these people[2]. Developed after new documentary evidence, as were provided by de la Cruz' *Libellus de medicinalibus indorum herbis*[3], better and erroneously known by English speaking scholars as Badianus manuscript after the beautiful Emmart's edition in the early forties[4], and *Florentine Codex* texts published and translated in the sixties[5], opens the possibility to intent new and different approaches. The simultaneous use of modern historical and anthropological methods developed mainly by Garibay, León Portilla, López Austin and Viesca, give access to a rich and fascinating field : that of intracultural approaches. At first, we intent to eliminate the influence of western medical knowledge considered as the only model to develop some hypothetical possibilities and, consequently, give strength to anthropologically based interpretative systems, as those derived from world view related concepts. The questions were then : conceptualize man's place in the universe, the human nature and significance, what were anatomy and physiology in that integrative cosmological panorama and, in the same way, what is illness, which illness they construct and what signifies each one of them. Only in terms derived from these questions is it useful to put on the table the treatments employed by ancient Mexican people and many actual living indigenous, if we want to understand their intrinsic rationality and intend to know what Aztec doctors expect in prescribing them. Only in these terms will it be adequate to analyze one by one the recipes' components, to propose newly organized " pharmacological " groups and to sketch some pharmacological possibilities about actual applicable options justifying the study of these plant, animal and mineral matters.

Mental illnesses recorded in Mexican 16th century texts are varied and may be individualized following different pathways. A semantic approach has enabled us to understand and conceptualize some otherwise strange clinical characteristics developed in nahuatl medicine as angular stones in his illness construction process, like *yollomiqui*, heart's death, which denotes epilepsy, or

1. Calderón Narváez Guilermo, " Conceptos psiquiátricos en la medicina azteca, contenidos en el Códice Badiano, escrito en el siglo XVI ", *Revista de la Facultad de Medicina* (México), VII (1965), 229-240.

2. Jiménez Olivares Ernestina, " Las enfermedades mentales entre los aztecas ", *Actes du XLII Congrès des Americanistes*, Paris, 1976.

3. Martín De la Cruz, *Libellus de medicinalibus indorum herbis*, edición facsimilar, México, Instituto Mexicano del Seguro Social, 1964. Existe una nueva edición en dos volúmenes, México, Fondo de Cultura Económica, 1991.

4. *The badianus Manuscript* (Codex Barberini, Latin 241), Vatican Library, An Aztec herbal of 1552. Introduction, translation and annotations by Emily Walcott Emmart, Baltimore, The Johns Hopkins Press, 1940.

5. *The Florentine Codex,* edition and translation by Arthur O. Anderson and Charles Dibble, 11 vols, New Mexico and Utah University Press, 1950-1969. *Códice Florentino,* nahua texts and spanish translation by Alfredo López Austin, in *Estudios de Cultura Náhuatl* (México), VIII (1969), 51-122 ; IX (1971), 125-230 ; XI (1974), 45-136.

yollocuepa, turning around his axis the people's heart, signifying to produce madness by witchcraft. All that gives us the possibility to propose an explicative theory, a physiopathological one, considering mind as a heart function[6]. This view has been developed starting from a first approach identifying two main mental organs in the body : one, localized in heart, the other in the brain ; this fact was primarily viewed as an early European contact consequence[7]. Later we advance a second view, based in human body consideration as a microcosmical replication of a vertical disposed universe, divided in floors and with earth's surface placed in a central plane, between celestial realms and nine underground levels. So, the celestial related body was that over diaphragma, being the parieto-ocipital suture both the top and the real connection with heaven ; the underground was composed by abdominal organs, genitals and inferior limbs, and the central domain, like in the fifth sun world, with the heart/sun placed immediately above diaphragm. This last organic complex is extremely important, because it is the properly human realm, with its imprecise, ambiguous nature. Then, an image was developed following López Austin's proposals for a world divided in a celestial/hot and underground/cold and a central mixed sector, humans being situated in this last and participating in its qualities. *Tlácatl*, the nahuatl term for man, expresses precisely this pertinence to the middle zone, nor cold nor hot, nor celestial nor subterranean. The next understanding step was attained in the eighties and exposed and analyzed in López Austin's *Cuerpo humano e ideología*[8] *and in Viesca's Medicina prehispánica de México*[9]. Then we crossed and combined the bipartitional universe schema with a tripartitional body one, given by the central part importance, and identifying also three animic centers, the skull's top with the adjacent structures including parts of the brain, the heart and the liver, and three correspondent animical entities : *tonalli, teyolía* and *ihíyotl* respectively. This new view conduced to a dynamic understanding of bodily functions, health being a precarious equilibrium between hot and cold properties as expressed functionally in the diversity of hotter and colder organs or body parts. Illness was also due to equilibrium ruptures.

Returning to mental illnesses we considered then some alterations directly related to *tonalli*, like ecstatic trance, consciousness and variations in organism energy maintenance, all of them affecting or at least altering mental functions. A new particular alteration's group became evident : that which will be called

6. Alfredo López Austin, *Textos de Medicina Náhuatl,* México, Secretaría de Educación Pública, 1971, especially 9-61.

7. Ignacio dela Peña, Carlos Viesca, " La terapéutica de las enfermedades mentales en el Códice Badiano " en C. Viesca (ed.), *Estudios de Etnobotánica y Antropología Médica,* II (1977), 21-26.

8. Alfredo López Austin, *Cuerpo humano e ideología,* 2 vols, México, Universidad Nacional Autónoma de México (UNAM), 1980.

9. Carlos Viesca, *Medicina prehispánica de México. El conocimiento médico de los náhuas,* México, Panorama editorial, 1985.

" *tonalli*'s diminished function ", expressed by tiredness, faintness and parox-
istic tachycardia, to which will be added bad dreams, mental concentration difficulties, slow thinking... An important fact is to be noted : fatigue, in common
people produces lower leg pains, in leaders — sacred as they need to be in the-
istic cultures — became in impediments to gods and spirit communication with
the consecutive government efficacy lessening.

So, *tonalli* failure was related with low energy, heavenly, solar energy to be
more precise. But it is also associated to another illness called today " susto ",
magical fright. Our recent studies enable us to sustain that conclusion : loss of
tonalli derives in fatal cases, its diminished strength in less severe illness with
an immense symptom diversity referred always to energy loss and diminished
functions. This problem is related to mental illness in two ways : a symptom-
atic one, centred in the results of a fainting heart, and a therapeutic one, pro-
viding remedies' use intending to bring solar energy in different trends.

We invite you now to focalize your attention on this last issue. Susto treatment includes plants with some important magical features, like the calling of
the lost *tonalli* by his/her name and the use of more or less complicated con-
jurations. The plants involved in the treatment have some interesting qualities :
some of them have a characteristic smell, like *mecaxóchitl* and *tlilxóchitl*, both
of them vanilla species, and both reputed to be aromatic and provided with a
good name as mental tonics, mild mental stimulants of which the properties
have never been pharmacologically tested. Flowers are also prescribed, in
some cases also because of their agreeable smell, in other in reason to their
colors and mainly because of real actions. One hypothesis may be expressed
in this way : good odour attracts good air — perhaps is good air — and will be
associated with heavenly fragrances fortifying and giving pleasure to the individuals' *tonalli*. Other plants, like *necuxóchitl*, unidentified botanically today,
and *cacaloxóchitl* (*plumeria acutifolia*), were highly appreciated not only for
their beautiful flowers, but mainly for their fragrance. In these conditions we
think it is necessary to propose a functional plant group characterized by
expanding aroma and its properties to surround people and protect them from
the actions of bad airs. In the de la *Cruz-Badianus Codex* section about
" Republic administrators fatigue ", placed at the end of the eight chapter
immediately after leg and foot illnesses that close the manuscript section
ordered anatomically from head to feet. It comes precisely after tiredness, a leg
localized ailment, and before a page with a plant illustrations series, without
any text, including those prescribed for " susto " treatment in other documentary sources. But this " republic administrators fatigue " includes also a mixture prepared with good smelling flowers and leaves like *ailin* (*alnus sp.*),
some pinacea like *oyámetl*, *huihuitzquáhuitl* (*hematoxylon sp.*), this last to provide the mixture with blood color. Like vanilla, other plants are characterized
by their aroma, for example, *eloxóchitl* (*Magnolia dealbata*), *izquixóchitl*

(*Bourreria huanita*), which has a disagreeable odour which reminds that of a dead body, both of them being agreeable to ancient Mexicans.

The subsequent addition with wild animals' blood, specially that of a jaguar (*Felis hernandesii*), the new world animals governor, as called by the Franciscan friar Bernardino de Sahagún in the same 16th century, *iztacocélotl*, an albine jaguar extremely uncommon and very difficult to find, *miztli (felis azteca)*, known as American lion, *ocotochtli (lynx)*, *cuetlachtli (canis lupus)*, and *cóyotl (canis latrans)*. This recipe clearly intends to bring to the body vital strength provenience from vegetals and animals. A second medicine will be prepared with precious stones, all of them reputed to be heart strengtheners and symbolic representatives of that organ. A third medicine was composed by bile and brains obtained from the same ferocious beasts previously mentioned.

An interesting feature is that none of the mixtures contain animal hearts, as expected in purely imitative magic procedures. We think now that the heart is the center, the merely human organ and in this way it needs special energy, like that provided by blood, that is *tonalli* and *ihíyotl*, to be restored and maintained healthy. Treatment in this case comes to be a world view epistemological validity proof, reinforcing a hard anthropocentric schema.

Analyzing other treatments, we will mention only jaguar meat as a highly recommended madness treatment derived from the near proximity between that animal and the night god Tezcatlipoca, in Sahagun's informers texts.

Among mental illnesses directly mentioned in 16th century Mexican texts it is possible to identify two psychotic entities, those mentioned as *micropsychia* and *Abderae mentis* in the Badianus latin translation of Martin de la Cruz's text. The first one is described as pathological fear and its treatment is oriented in the same direction as magical fright and Republic administrator fatigue treatments. Previously characterized by de la Peña and Viesca in 1977 as a cold illness, treatment and physiopathological considerations seem to confirm it. Indeed, all the medicinal elements prescribed to cure it are classified as hot and have some " solar " properties : *tlanextia xíhuitl* is a radiant herb and *tonatiuh ixiuh* has a golden brilliancy. This is a magical characterization. It is obvious. But we can ask about explanation for the continuous use of these plants over four hundred years. Their efficacy will be restricted to provide *tonalli* with its lost strength and returns its brightness and radiant nature or responds also to some pharmacological properties, in the modern sense of the term, maybe antipsychotic ? This questions will be directed also, perhaps more accurately, to the use of other plants, which appeared consistently in several mental illnesses treatments. One of them is *cacaloxóchitl (Plummeria acutifolia)*, which was prescribed to cure mycropsiquia and also madness, called Abderae mind in de la Cruz-Badiano Manuscript, remembering Hippocrates intervention to free Democritus from madness accusations and putting them on Abdera's people heads. Associated with it, comes *yolloxóchitl (Talauma mexicana)*, another magnoliaceae with diuretic and cardiotonic properties, which have been laboratories tested in ; concerning its possible action on the mind we have to refer to its cardiotonic action as it increases brain circulation, in a similar way as two hundred years ago digital enters in therapeutics.

We left out of this paper the analysis of a group of plants mentioned in ancient texts as a cause of madness and absolutely prohibited to common people, leaving their use only to those protected by their high personality, their strong *tonalli* warranting their security. Among them were considered *toloatzin* (*Datura meteloides*), *tlápatl* (*Datura stramonium*), *péyotl* (*Lophophora williamsii*), and *ololiuhqui* (*Turbina corymbosa*), the most used plants from more than eighty. To conclude, we can put forward some preliminar proposals :

1. The mental function as recognized and conceptualized by ancient Mexicans is a knowledge, the value of which should be reasserted as a result of important changes in our understanding of prehispanic world-view and body's microcosmic representations.

2. Their mental illness taxonomy studies will also be revised and reoriented in emic terms.

3. A heart-centered mind function is evident and can work as a nuclear epistemic statement valid for all Mexican prehispanic cultures.

4. Plants with real or world-view dependent actions modifying mind function, will be grouped in plants with clear cardiotonic effects, only secondarily affecting mind, and plants with psychotropic effects, perhaps psychodisleptics, whose effects orient us to think in possible anticholinergic mechanisms if considered from modern pharmacological standards, which will be a potential study field.

SOME PHARMACONS IN THE OLD TESTAMENT
AN OLD FORM OF *MATERIA MEDICA*

José Luiz GOLDFARB and Luciana ZATERKA

We can state that the Old Testament certainly involves important references to the *materia medica* which was spread both at the period and areas of the Middle East. The theory that medical practice was then pretty disseminated is rigorously presented today and in a great variety of studies[1]. We perceive then that medicine was not born from Hippocrates in Greece, but that we have a lot to learn from these, at least, 2,500 years of medical practice which previously took place in the Middle East. Thus even if the Old Testament is not a medical treaty, it constitutes in its references a medical matter, decoded in consecutive generations of commentators (the rabbinic hermeneutics), a prosperous source to know the ancient medical practices.

In a way, the Old Testament is also interpreted, in the rabbinic tradition, as a proposal for a healthier life behaviour ; as a guide for good health. The All mighty God is also the curing God. In Moses' narration we can see that in many occasions the narrative directly uses situations in which a medical dimension is outstanding. The whole proposal of hygiene rules is an excellent example. The search for purification after the physical contact with food, substances under decomposition and blood is a recurring subject in the Old Testament narration. Feeding is rigorously oriented in the choice of recommended food and especially for its preparation. Here is suggested that the Old Testament narrative points out to a narrow contact of those Hebrews with cuisine manners and diets of the traditional local culture. The animal kingdom, established at the biblical scene of the creation of the world, is literally separated in its wholeness in pure and impure for feeding. The physical contact with blood, substances under decomposition and ill substances is followed by baths in the " alive water " (current water) and treatments for purification. Hygiene of the body is a main proposal and brings orientation for the whole day, from dawn

---

1. I. and W. Jacob, *The Healing Past — Pharmaceuticals in the Biblical and Rabbinic World,* New York, E.J. Brill, 1993.

to night, covering everyday activities in details. Together with feeding and
hygiene we also find numerous principles related to agriculture, prescribing
" correct " ways to use the land in order to get a better and healthier production, and also protecting the land for future crops. In this context plants will
appear as food — the main human and animal feeding source — and also as a
remedy. The example we are going to study here is the plant called mandrake
picked by Reuben, given to Leah and lately collected by Rachel. The intricate
love story lived by Jacob, Leah and Rachel is transformed through the offer of
mandrake. " ...During the wheat harvest Reuben went into the fields and found
mandrakes, which he brought to his mother Leah... "[2]. We saw in the first
book of the Bible the rising of the twelve tribes of Israel, Jacob's twelve children. Reuben, Leah's son, brings in at this moment of the narrative the mandrake plant. Following this sequence of the origin of the tribes, three more
children of Jacob are born : Isahar and Zebulun, Leah's sons, and finally
Rachel's first son, the one who will be Jacob's favorite son, Joseph. The mandrake plant is of such importance then that it will remain as Reuben's tribe
symbol.

Before we study some of the successive discussions from Jewish roots about
the biblical references to mandrake, we are going to see some non-jewish roots
found during the ancient period, aiming a broader view.

Amidst the oldest roots which certainly influenced the medical practices
during the Bible period we must start speaking of Campbell Thompson's most
important compilation of Assyrian medical matter : " ...The mandrake (*Mandragora officinarum*) root and the entire plant produced an extract used against
toothache and for urinary problems. The dry root treated foot problems. Internally, it was used as a suppository, an antidote for poison, as a strangury for
eye problems, sleeplessness, gout and a purgative... "[3]. As we are going to see
next some of these properties mentioned by Thompson will be incorporated
with other commentators both in and out the rabbinic tradition.

Since the ancient times, we can find reports about the use of mandrake as
narcotic, anaesthetic, and aphrodisiac. The anthropomorphical aspect of its
roots is also very much quoted and widely impressed those who studied it. We
found studies about it in different contexts, periods, and cultures. We will
firstly recall Dioscorides, Pliny and Josephus, scholars under very distinct education, but who have as background the same Greek-Roman period. The high-
lighting of these three authors is of great importance especially because the
traditional historiography considers this moment the great period of the *materia medica* systematization, mainly for Dioscorides.

Dioscorides' *materia medica* is divided into five books, which embrace
remedies from the three kingdoms of nature. He presents in book IV, dedicated

2. The Bible — The Old testament, Bere'shit/Genesis, cap. XXX, v. 14.
3. R.C. Thompson, *A Dictionary of Assyrian Pharmaceutical,* London, 1926, 218.

to herbs and roots, the following description about the mandrake : " Mandragoras which some call antimelon, some call it dirceae and circeae... Since that the root seems to be a maker of love medicines. There is of it one sort that it is female, which is black, called thridacias, having narrower and longer leaves... and heavy scent to smell... Another that it is male, and white, which some have called norion, your leaves are greater, white, broad... "[4]. After this initial statement in which Dioscorides shows the two " kinds " of mandrake together with botanical descriptions, he comments its use : " Using a cyathus of it for such as cannot sleep, or are grievously pained and upon whom being cut, or cauterized they wish to make a not feeling pain. Your juice being drank of muchness of quantity of 2 oboli with melicrate, dos expel upward phlegm, and black choler, as ellebore dos, but being too much drank it drives out the live. And it is mixed with eye-medicines. Being put to of itself, as much as half an obolous it expels menstrua and embryo, and being put up into your seat for a suppository, it caused sleep "[5].

Now in Pliny, The Elder, one of the greatest " encyclopedists " of ancient times, we found multiple references to mandrake in the books VIII, XIV, XXV and XXVI of his *Natural History*. In book XXV, after he re-captures Dioscorides' botanical description, he points out to the ancient use of mandrake for the eyes. " In early days physicians used to employ the mandrake also ; afterwards it was discarded as a medicine for the eyes. What is certain is that the pounded root, with rose oil and wine, cures fluxes and pain in the eyes. But the juice is used as an ingredient in many eye remedies "[6]. Next we will see the reference of this plant as anaesthetic : " It is also taken in drink for snake bite, and before surgical operations and punctures to produce anaesthesia. For this purpose some find it enough to put themselves to sleep by the smell "[7].

Adding the curative pharmacological importance to the anthropomorphic shape of its roots, the fact remains that the mandrake repeats the course somehow already traced by the Mesopotamian therapeutics.

We are going to start our way back to the biblical text in Josephus, who searches the historical roots of the jewish tradition. We find, for instance, a detailed analysis of the mandrake's use under a very original perspective in the jewish tradition : in that valley... there is certain place called Baaras, which produces a root of the same name with itself ; its color is like of flame, and towards the evening it sends out a certain ray like lighting : it is not easily taken, but recedes from their hands, nor will yield itself to taken quietly, until

4. Dioscorides, *The Greek Herbal Of Dioscorides,* translated by Robert T. Gunther, New York, Hafner Publishing Co., book IV, 76, 473-474.

5. *Idem.*

6. Pliny, *Natural History,* London, Harvard University Press, Loeb Classical Library, Book XXV, XCIV.

7. *Idem.*

either the urine of a woman, or her menstrual blood, be poured upon it... yet, after all this pains in getting, it is only valuable, on account of one virtue it hath, that if it be only brought to sick persons, it quickly drives away those called Demons, which are no other than the spirits of wicked, that enter into men that are alive, and kill them, unless they can obtain some help against them[8]. The way Josephus named mandrake here as Baaras, can be interpreted as a reference to the hebrew roots ba'ar, which means to burn, what is coherent about the way he depicts the plant. (" flamed-colored ", " emitting a brilliant light ").

It is important for us to think also about the hebrew origin of the word mandrake. In the Old Testament's quote we find *Duda'im*. Some believe it comes from the Dodim's root that means Love ; there is also another interpretation which considers Duda'im as an abbreviation of two aramaic words Dou (two) and Da'im (love)[9]. In these two interpretations we have the qualities of mandrake related to the interpretations of aphrodisiac plants and as an auxiliary of fertility. In many authorized translations of the Old Testament mandrake is translated as the Love Apple. However there is also a talmudic name, original from the oldest rabbinic tradition, where the mandrake is called Yavrukha, the aramaic word for the chase, because of its property to expel demons. Relating to the anthropomorphic aspect of mandrake it's interesting to note the calculation of Rabin Jacob ben Asher (1269-1343), who used the gematria — calculations of a numerary value of the word — to show that Duda'im has the same numerary value of Ke'adam. It means like man, resembling man[10].

It's also important to note that in the arabian middle age pharmacopeia comes the word yãmru keeping, as one could expect, the same conception of mandrake. As we can see in Al-Burini : " if it was sliced in halves one shows a male figure and the other a female "[11].

As we retake the Old Testament narration we can see that Reuben brings from the fields mandrakes to offer to his mother Leah. Rachel deals with Leah Reuben's offer : Rachel said to Leah, " Please give me some of your son's mandrakes " Leah answered : " Isn't that enough that you have taken away my husband ? Now you are even trying to take away my son's mandrakes ". Rachel said, " if you will give your son's mandrakes, you can sleep with Jacob tonight ".When Jacob came in from the fields in the evening, Leah went out to meet him and said, you are going to sleep with me tonight because I have paid

8. F. Josephus, *The Wars of the Jews,* Book VII, c. 6, v. 180-185, in *The Works of Josephus,* transl. W. Whiston, New Updated Edition, Massachusetts, Hendrickson Publishers, 1992, 759.

9. E. Frankel & B.P. Teutsch, *The Encyclopedia of Jewish Symbols,* New Jersey, Jason Aronson Inc., 1995, 101.

10. F. Rosner, *Pharmacology and Dietetics,* in I. and W. Jacob (eds), *The Healing Past — Pharmaceuticals in the Biblical and Rabbinic World,* New York, E.J. Brill, 1993, 8.

11. *Al-Biruni's Book on Pharmacology and Materia Medica ;* Introd., Comment. and Evaluation by Sami K. Hamarneh, Pakistan, Hamdard National Foundation, 1973, 54.

for you with my son's mandrakes. " So he had intercourse with her that night... "[12]. We will briefly remember the situation lived by Jacob and his wives Leah and Rachel. Jacob had already generated children from both Leah and Rachel's concubines and from Leah as well. But from Rachel, who was his favorite, he could not. In this moment of the narration, Jacob is no longer interested in Leah. Then it's when Reuben brings the plants to Leah under unknown reasons explained in the text ; Leah deals the plants with Rachel regaining this way her love relation with Jacob, generating two more children, Rachel following this sequence gave Jacob one child herself.

From the narrative above we should expect that commentators of the biblical text associate the use of mandrake with love and conception issues, even that not only in this aspect.

Nachmanides (1195-1270), for example, alleges the contrary about the mandrake's properties against infertility, affirming that Reuben only wished his mother to use the pleasant scent of the mandrake to attract her husband. Reuben did not want to be Leah's only child. Here the properties are acting as love charm which will awake the interest for the plant.

In the great book of Cabala, *The Zohar* (which writing is polemically attributed to Moisés de Leon, who lived in the 13th century), the use of mandrake related to the conception of children is discussed. Inside the cabalist conception, events in the natural and terrestrial world are related to events in the superior and heavenly world. This fact happens by the universe origin conception itself : a light explosion starting from an initial point of concentration initially expanding as brightening light (heavenly plan) and in a later moment as non-brightening light (terrestrial plan). It is according to this view that we are going to see the use of mandrake. First and indirectly, it served to reconcile Leah and Jacob so that new tribes could be generated. In Rachel's case, that she was sterile we are not considering the plant as a pregnancy effecter, because " ... even that mandrakes are endowed with some power of the superior word, this power can not influence on children birth, since children depend on destiny (mazal) not in anything else. Mandrakes are indeed a help for women who are slow in the process of having children, but not for sterile ones, being these (sterile) under the influence of mazal "[13]. Even when the mandrake's use is refused, as in Rachel's case, we observe the association of mandrake with fertility. It is also important to note the linking between natural action and destiny which obeys the superior world plans. The curative effect of a plant like mandrake is highlighted and at the same time limited by mazal (literally constellation — as in star constellation ; this is a known expression used among jewish to say good luck, *mazel tov*).

12. The Bible — The Old testament, Bere'shit/Genesis, cap. XXX, v. 14-16.

13. *El Zohar*, Trans. And Introd. By Leon Dujovne, Buenos Aires, Editorial Sigal, 1977, Vol. II, 91.

In this direction, still in the 15th century, Rabbi Obadiah Seforno (1474-1550) restates the relation between the use of mandrake and its astrological aspect, " ...duda'im or more potent aphrodisiacs were eaten, especially on Fridays, to increase love between two young lovers... " in other words, in a day under Venus influences[14].

Maimonides, always between medicine and the rabbinic tradition, comments that apart from the fertility aspect there is another less known property of mandrake ; according to him " ...mandrakes are a wonderful remedy against eye infections and inflammations... "[15]. This could be the reason why Reuben picked mandrakes for his mother Leah, since Leah according to the Old Testament had weak sight. But indeed as we have already seen its use for ophthalmic purposes was known in the ancient times.

We will study now what some contemporary experts have to say about mandrake. Mandrake belongs to the *Atropa Mandragora* or *Mandragora officinarum* species. This species belongs to the *Atropa genus* which is included in the Solanaceae family. This family has a great taxonomic importance because it contains species rich in alkaloids[16]. As previously mentioned, the remarkable physiological activity of some alkaloids provided and still provide great stimulus for isolation and characterization of these secondary metabolites ; among important alkaloids we can mention morphine, quinine, nicotine and cocaine, strong stimulants of the central nervous system.

Pharmacologically many species from the *Atropa* kind are used on ulcer treatments, because it reduces gastric secretion and still is a mydriasis inductor because it dilates the eye pupil[17].

Complex physiological actions are observed when these alkaloids are used in toxic dosages. At first we noticed a stimulus and occasionally reduction of the central nervous system, enchaining hallucinations, exaltations, delirium and convulsions followed by stupor and coma. This way many experts justified the use in the past of species like *Datura stramonium*, *Atropa belladona* and the *Mandragora officinarum* to awake prophecies, as poison and still as an important auxiliary in religious ceremonies, including magic rituals[18].

Aiming to situate the Solanaceae family on the evolutional route of the vegetable kingdom we used a contemporary methodology. The Chemosystematic correlates chemical and botanical data aiming to trace evolutional routes. This

---

14. F. Rosner, *Pharmacology and Dietetics,* in I. and W. Jacob (eds), *The Healing Past — Pharmaceuticals in the Biblical and Rabbinic World*, New York, E.J. Brill, 1993, 8.

15. M. Cohen Shaouli, *Guérir par les plantes selon le Rambam,* Jérusalem, Yechiva Kerem Beyavne, 1990, 229-230.

16. E.G. Trease : *A Textbook Of Pharmacognosy*, London, Baillère, Tindall and Cassell, 1934.

17. G. Jenkins *et al.*, *The Chemistry of Organic Medicinal Products*, New York, John Wiley & Sons, 1957.

18. Kottek, *Medicinal Drugs in Flavius Josephus,* in I. and W. Jacob (eds), *The Healing Past — Pharmaceuticals in the Biblical and Rabbinic World*, New York, E.J. Brill, 1993, 95-106.

matter proposes to approach evolutional aspects of the vegetal kingdom, in other words, the passage of more primitive plants to more evoluted ones, temporarily speaking. The use of this methodology is due to recent works developed by the natural products chemistry. Which results have revealed common tendencies : a preference for plants belonging to the evolutional species for a medicine usage, and more primitive species for feeding purposes[19].

An easy way for us to see all the obtained data in the vegetable kingdom is through the so called Dahlgren's Diagram. This diagram was produced as if it was a transverse cut on a tree, presenting the evolutional route. Each " demarcation " (which corresponds to an upward disposition) in the diagram would correspond to a branch of this tree. The objective is to show many groups of angiosperms — plants which produce flowers — in a way so that the most evoluted ones would be kept on the edge and the most primitive ones at the center of the diagram. An interesting aspect is that the diagram uses botanical parameters (morphology) and some chemical parameters — the presence of iridoides for instance — to classify its system. Thus, we can observe that the Solanaceae family, which belongs to the Solanales disposition is exactly on the edge of the right side of the diagram indicating very clearly an evoluted family. It means that most of the species present at this disposition tends to be used as medicinal ; it reflects a very high toxic substance production that when used in low concentrations, serves, as we know, for medical purposes ; we must think here again about the alkaloids present in mandrake.

For all these aspects mentioned above, the pharmacological importance of family and genus to which mandrakes belong is clear. As for the species *Mandragora officinarum* studies show, it has important pharmacological effects indicating coherence to its attributions in the ancient period.

The course of our presentation aimed to illustrate how much we can learn about ancient ways of *materia medica*, when we realize the richness and originality from traditional cultures. The historical critics and the studies of the rabbinic hermeneutics allowed us to see the variety of methods and approaches with subsequent distinct conclusions resulting from diverse periods and places. The biblical reference, a privileged source when we think about a theocratic culture, makes scholars of the jewish tradition from different cultures reflect deeply about the same issue, in this case the use of the mandrake plant.

Inside a reference which seriously observes the ancient and traditional knowledge, we allowed ourselves to use also current scientific methods to compare the results and understand important coincidences. The mandrake has been studied and used for thousands of years, certainly since the Bible period. It is a plant which awakes senses, intrigates, makes one think, and seems to have been considered up to the present for its pharmacological properties.

19. O.R. Gottlieb, M.R.B. Borin, B.M. Bosisio, " Chemosystematic clues for the choice of medicinal and food plants in Amazonia ", *Biotropica*, to be published.

SIXTEENTH CENTURY BOOKS OF DISTILLATION AND *MATERIA MEDICA* A NEW MEANS TO DISSEMINATE CHEMICAL PRACTICES TO PREPARE TRADITIONAL MEDICINE

Maria Helena ROXO BELTRAN

Hieronymus Brunschwig's *Liber de arte distillandi* was one of the most widely known sixteenth-century books of distillation. It deals with the extraction of medicinal waters from plants and other curative materials — a practice that had long been in use. For that matter, Brunschwig's works on distillation brought no innovative medical or chemical doctrines[1]. Yet thanks to the printing press, in his books, traditional knowledge met a new means of diffusion.

Among the many editions of Brunschwig's works on distillation, two books are noteworthy : the *Liber de arte distillandi de simplicibus*, called the *Small book of distillation*, first published in 1500 by J. Grüninger of Strasbourg, and the *Liber de arte distillandi de compositis*, the *Large book of distillation*, published in 1512 by the same printer.

A survey conducted by R. Hirsch[2] about alchemical and chemical texts published up to 1536 shows that Brunschwig's works were among the most frequently printed books on distillation, at that time, as seen in Table I.

Table I

Title	Author	Vernacular edit.	Latin editions	Total
Von den augesprannten wasseren	Michael Puff von Schrick	37	-	37

---

1. Allen G. Debus, *The Chemical Philosophy*, 2 vols, New York, Science History Publications, 1977, vol. I, 21-23 ; Robert Multhauf, " The Significance of Distillation in Renaissance Medical Chemistry ", *Bulletin of the History of Medicine*, 30 (4) (July-August 1956), 329-346.

2. Rudolph Hirsch, " The Invention of Printing and the Diffusion of Alchemical and Chemical Knowledge ", *Chymia*, 3 (1950), 115-141.

Liber de arte distillandi	Hieronymus Brunschwig	16	-	16
Apoteck für den gemeynen Man	Merging Brunschwig's and Schrick's works	12	-	12
De secretis naturae, seu de quinta essentia	Raymundus Lullus	2	7	9
Coelum Philosophorum	Philippus Ulstadius	2	5	7
De consideratione quintae essentiae	Johannes de Rupescissa	-	3	3

The data shown in this table already allow us to have an idea of the public who could be interested in the *Books of Distillation* and particularly in Brunschwig's works on the subject. Besides the great predominance of vernacular editions, the emphasis on practical aspects suggests that these books were intended to non erudite readers, such as artisans, or even people interested in acquiring knowledge on the art of distillation, without having to submit themselves to apprenticeship. There were also a much smaller number of publications on the theme printed in Latin, concerning theoretical speculations, supposedly of low interest to artisans. Such considerations show that, although the knowledge on distillation would be of interest to both erudite readers and to unlearned artisans, its diffusion through the printing press covered mostly practical aspects.

In addition to having been published in vernacular and in gothic characters, Brunschwig's works on distillation are richly illustrated. One could interpret such abundant use of figures by considering the essential role of illustrations in conveying visual information, for instance, in depicting animals and plants. However, such an important role to be played by images was still to be recognized and explored. In the incunabula and for some time later, illustrations served not only to decorate the books but appeared mainly as a manner to help illiterate people understand the text. It should be pointed out that Hieronymus Brunschwig himself mentioned the role played by illustrations by writing in his book : " for the figures are nothing more than a feast for the eyes, and for the information of those who cannot read or write "[3].

Actually, not many people could read or write at the time when the printing press was starting to develop. However, through the well-spread practice of public reading, a mixture of oral and written traditions, the illiterate could

3. Hieronymus Brunschwig, *Liber de arte distillandi, apud* Agnes Arber, *Herbals, Their Origin and Evolution. A Chapter in the History of Botany, 1470-1670*, Cambridge, Cambridge University Press, 1938, 201 (translated from the 1500 German edition) ; this passage is also commented by Henry Sigerist in *A Fifteenth Century Surgeon : Hieronymus Brunschwig and his Work*, New York, B. Abramson, 1946, 34.

understand the text[4]. The diffusion of illustrated books, an initiative of publishers in search of new markets, contributed to making up a new range of readers who, even though illiterate or unlearned, were able to understand the text by following the illustrations[5].

Therefore, in addition to enhancing printed works, black-and-white woodcuts, carefully introduced in the printed text, became an integral part of reading. In fact, the introduction of woodcuts in the printed books contributed to differentiating them from the manuscripts, since it meant a rethinking about the images and their relation with the text[6].

An example of image rethinking can be found in the practice, perfected by J. Grüninger, of composing new images from individual woodblocks, that is, fitting them as pieces of a jigsaw puzzle[7], as seen in Figure 1.

4. Natalie Zemon Davis, *Culturas do Povo : Sociedade e Cultura no Início da França Moderna : Oito Ensaios*, Brazilian translation, Rio de Janeiro, Paz e Terra, 1990, 157-185, 166-167 and 175 ; Paul Saenger " Books of Hours and the Reading Habits of the Later Middle Ages " in Roger Chartier (ed.), *The Culture of Print. Power and the Uses of Print in Early Modern Europe*, Cambridge, Polity Press, 1989, 141-173.

5. It is worth pointing out that humanists despised illustrated books ; they considered such literature a kind of unlearned literature, and preferred Latin editions printed with Roman characters ; *vide* Lucien Febvre & Henry-Jean Martin, *O Aparecimento do Livro*, Brazilian translation, São Paulo, Editora Universidade Estadual Paulista, Hucitec, 1992, 119-120 ; about the use and development of different types, see E.P. Goldschmidt, *The Printed Book of the Renaissance — Three Lectures on Type, Illustration and Ornament,* Amsterdam, Gérard Th. van Heusden, 1966, 1-26.

6. Michael Camille, " Reading the Printed Image : Illuminations and Woodcuts of the " *Pélerinage de la vie humaine* " in the Fifteenth Century " in Sandra Hidman (ed.), *Printing the Written Word — The Social History of Books, circa 1450-1520*, Ithaca, London, Cornell University Press, 1991, 259-291, especially 262-266.

7. Arthur Hind, *An Introduction to a History of Woodcut-With Detailed Survey of Work Done in the Fifteenth Century*, New York, Dover, 1963, 339-344.

Figure 1 : Hieronymus Brunschwig, *Liber de arte distillandi de compositis. Das büch der waren kunst zu distillieren die Composita vn simplicia, vnd dz Büch thesaurus pauperu [...]* Strassburg : J. Grüninger, 1512. University of Wisconsin, Madison, Memorial Library, Department of Special Collections, microfilm.

This economical image composition was already used by artisans producing cheap woodcuts such as images of saints sold at fairs. However, J. Grüninger applied this technique to the production of informative illustrations.

The images of distillation furnaces and vessels also migrated among different editions of Brunschwig's works. Woodblocks were used until they showed signs of wearing, as seen in Figures 2 and 3.

Figure 2 : Hieronymus Brunschwig, *Liber de arte distillandi de compositis. Das büch der waren kunst zu distillieren die Composita vn simplicia, vnd dz Büch thesaurus pauperu [...]* Strassburg : J. Grüninger, 1512. University of Wisconsin, Madison, Memorial Library, Department of Special Collections, microfilm.

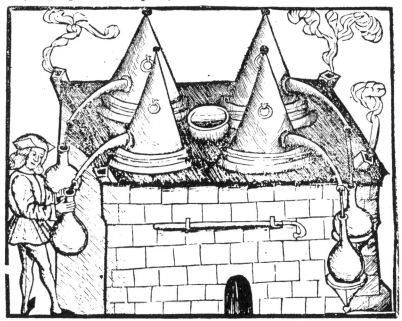

Figure 3 : Hieronymus Brunschwig, *Das Buch zu Distilieren die zusamen gethonen ding : Composita genant : durch die einzigen ding, vn das buch Thesaurus pauperum genant [...]*. Strassburg : B. Grüninger, 1532. University of Wisconsin, Madison, Memorial Library, Department of Special Collections, microfilm.

In some cases, woodblocks could be remodelled by removing their worn parts. When that could not be done, new woodblocks were cut and the same images were carefully reproduced. Sometimes, in order to cut new woodblocks, already-printed images were copied attempting to invert the images and to preserve background details. At other times, the copy was not very carefully made, and the printed image from the new woodblock came out inverted in relation to the model, as shown in Figures 4 and 5.

Figure 4 : From the 1512 edition, quoted above.

Ouch soltu haben glesen
helm genãt alembic mitt ein faltz in weit
dig zů entpfahẽ das gedistilliert durch
ein langen schnabel zů dragen in das für
satz glaß. Des figur also ist.

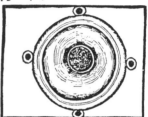

Du solt ouch habẽ bleyen
ring clein vnnd groß / leicht vnd schwer/
dar vff zů binden die gleser so du distillie=
ren wilt in Balneum marie für vmb fal=
len / od in den wasser vff zů stygen. Deren
figur also ist.

Ouch soltu haben helm
genant alembic on ein faltz / der die spiri=
tus frey durch den schnabel vß zů gon so
man wein oder aqua vite brennen wil vff
das die fleugma als dz wasser nit wol mit
den spiritus vß gond. der figur also ist.

Figure 5 : From the 1532 edition, quoted above.

Von Instrumenten. rrv

Auch soltu haben glesene helm genãnt
Alembic mit ein faltz inwendig zůentpfa
hen das gedistilliert durch ein langẽ schna
bel zůtragen inn das fürsatzglaß. Des fi=
gur ist also.

Du solt auch haben glesene helm on ei=
sten schnabel / vnd on faltz genant Alembi
cum cecum / ein blinder helm damit zů di=
gerieren. Deren figur ist also.

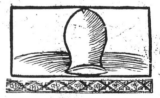

Auch solt du haben helm genant alēbic
on ein faltz / der die spiritus treyt durch dē
schnabel außzůgan / so man wein od aqua
vite brennen will auff das die flegma / als
das wasser nicht wol mit den spiritus auß
gand. Des figur ist also.

Du solt auch haben bleyen ring kleyn
vnnd groß / darauff zůbinden die gleser / so
du distillieren wilt inn Balneo Marie / für
vmbfallen / oder in dem wasser auffzůstei=
gen. Des figur ist also.

Printers also rearranged and combined the texts of the *Small* and the *Large Books of Distillation* in many different ways. They merged the texts, published excerpts including texts of other authors or even printed only parts of the work to form new books, as shown in Table II[8].

Table II

Edition	Title	Observations
1500	*Liber de arte distillandi, de simplicibus (Small Book)*	First Edition
1505	*Medicinnarius. Das Buch der Gesuntheit. Liber de arte distillandi Simplicia et Composita*	1st and 2nd parts of the first edition + a treatise on compounds + Marsilio Ficino's *On Longevity*
1508 ? 1509 ?	*Liber de arte distullandi [sic] Simplicia et Composita*	Modified organization of the 1505 edition contents
1512	*Liber de arte distillandi de compositis (Large Book)*	First Edition
1517	*Das Distilierbuoch*	The same content as that of 1505
1517	*Die distillacien ende virtuyten der wateren*	Consisting of 104 instead of the original 230 in German, dealing mostly with apparatuses and methods of distilling
1529-34 12 editions	*Apotek für den gemainen man*	Merging Brunschwig's and Schrick's works on distillation
1533, 1535, 1536		*in* Joh. v. Cube, *Kreuterbuch*
1537	*Das new distilier Buch...*	The same content as that of 1505, bounded with a Strassburg 1532 edition
1537, 1545, 1561, 1573, 1579, 1591	*Thesaurus pauperum*	The 5th Book of the Large Book published separately
1545	*Das new Distillier Buch, wolgegründter künstlicher Distillation*	Walter Ryff's revision of the *Large Book*
1597	*New vollkommen Distillier-buch volgegründter künstlicher Distillation, sampt Underweisung und Bericht...*	Walter Ryff's revision of the *Large Book*

8. The data in this table were collected from : R. Hirsch, *op. cit.*, 126-130 ; Harold J. Abrahams, " Introduction ", in Hieronymus Brunschwig, *Book of Distillation. A Facsimile of the English Translation by Lawrence Andrew ca 1530, Published in London*, New York, London, Johnson Reprint Corporation, 1971, lvi-lxi ; R.J. Forbes, *A Short History of the Art of Distillation*, reprint, Leiden, E.J. Brill, 1970, 108-115 ; Oswald Schreiner, *History of the Art of Distillation and Distilling Apparatus*, Milwaukee, Pharmaceutical Review Pub. Co., 1901, 8-9 ; A.J.V. Underwood, " The Historical Development of Distilling Plant ", *Transactions — Institution of Chemical Engineers*, 13 : 34-63 (1935), 42.

This practice, which was common among early printers, could be considered only as an inexpensive way of publishing " new " books. However, taking into account that these " rearrangements " intended to reach different audiences, one might admit that they have contributed to broadening even more the possibilities of the printed books in the diffusion of knowledge. Indeed, Brunschwig's works on distillation had at least fifty reprints in different versions between 1500 and 1610, as shown in Table III[9].

Table III

1500-1539 = 37 Reprints

Year	Number of reprints
1500	1
1505	1
1507	1
1508 ?-9	2
1512	1
1515	1
1517	4
1519	2
1521	1
1527	1
1528	2
1529-34	12
1530	1
1531	1
1532	1
1533	1
1535	1
1536	1
1537	2
1539	1

1540-1610 = 13 Reprints

Year	Number of reprints
1545	2
1551	1
1553	1
1555	1
1561	1
1573	1
1579	1
1591	1
1594	1
1597	1
1598	1
1610	1

Another point to be considered refers to the frequency at which Brunschwig's works on distillation were printed. This is shown in the following Chart.

9. See footnote 8, above.

Reprints each five years
(1500-1610)

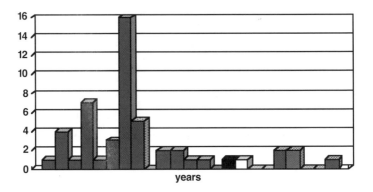

years

Two aspects of this chart should be pointed out. First, Brunschwig's books of distillation were more frequently printed between 1515 and 1540, and especially between the years 25 and 40 of the sixteenth century. To understand this first observation, we may consider the widespread printing of " how to " books, namely in German territory, especially during the 30s of the sixteenth century. In these booklets, many of which compiled and organized by the printers themselves, a reader could find information relating to several techniques without having to be trained at artisans' shops[10].

Taking into account that twelve of the twenty-two printings of Brunschwig's works on distillation published between 1525 and 1535, belong to the *Apoteck für den gemeinen Mann* (see also Table III), a book that includes excerpts from Brunschwig's and Schrick's works, that was probably composed by the printer, this latter version possibly was intended to the same readers of the practical manuals then widely published.

The second aspect to be pointed out in the Chart refers to the frequency of printings. Up to 1540, one may note that at least one text on distillation written by Brunschwig was published every five years. However, after this period they were only sporadically published. In addition, his most reprinted work was the

10. Miriam Usher Chrisman, *Lay Culture, Learned Culture, Books and Social Change in Strasbourg, 1480-1599*, New Haven, London, Yale University Press, 1982, 106, explains that the increasing number of editions of illustrated books during the 30s of the sixteenth century at Strasbourg owes to the publication of scientific manuals ; two detailed studies on these " how to " books are William Eamon, " Arcana Disclosed : the Advent of Printing, the Books of Secrets Tradition and the Development of Experimental Science in the Sixteenth Century ", *History of Science*, 22 (1984), 111-150, especially 114-125, as well as Eamon's *Science and the Secrets of Nature*, Princeton, University Press of Princeton, 1994, especially 93-133.

Thesaurus pauperum and no longer the more or less complete versions of the *Small* or the *Large book of distillation*.

On the one hand, the reduction in the number of printings of Brunschwig's works may be explained by the fact that, in 1531, his main editor, Johannes Grüninger, went out of business. On the other hand, a factor that most probably contributed to the decline in the number of printings of Brunschwig's works on distillation was the change in the focus and lay-out observed in herbals, a process that had its prime with the printing of the *Herbarum vivae eicones* in 1530[11]. In comparison with the herbals published from then on, Brunschwig's books became inevitably out of fashion, especially regarding the transmission of visual information on plants.

However, the chapter in which Brunschwig describes distillation practices and apparatuses continued to be printed and was even incorporated to the work of other authors. Therefore, for many years Brunschwig's descriptions of distillation techniques to extract healing " waters " remained influent, owing in part to the rearrangements of texts and to the migration of images promoted by the printers. In short, the printed pages of Brunschwig's books of distillation, even if they do not show innovative medical or chemical conceptions, they illustrate aspects involved in paving new ways to convey and spread knowledge, favored by the printing press.

11. See, for instance, Agnes Arber, *op. cit.*, especially 188, 194, 202-209, 219 ; Jerry Stannard, " Medieval Herbals and their Development ", *Clio Medica*, 9 (1974), 23-33 ; William M. Ivins, Jr, *Imagen Impresa y Conocimiento-Análisis de la Imagen Prefotográfica*, Spanish translation, Barcelona, Gustavo Gili, 1975, 33-79 ; Karen Reeds, " Publishing Scholarly Books in the Sixteenth Century ", *Botany in Medieval and Renaissance University*, 1991, 259-274,(Harvard Dissertations in History of Science Series).

Vipers and Viper-based Medicaments

Martha Baldwin

During the sixteenth and seventeenth centuries, the medicinal use of vipers, the small poisonous snakes indigenous throughout much of Europe, enjoyed a renewed popularity among learned people. Commended since classical times, " theriac ", a viper-based medicine, was widely prescribed for an astonishing variety of ailments ranging from plague, measles, small pox, gout, leprosy, asthma and eye disease.

While viper-based medicines had never disappeared from the European *materia medica* during the Middle Ages or Renaissance, they attracted renewed attention and controversy among Western European physicians and apothecaries of the seventeenth century. Historians of early modern medicine have never explained this curious renewal of interest in a medicinal ingredient which had fallen from fashion. In this paper I will suggest that a wide range of cultural factors contributed to the prominent resurgence of vipers in the *materia medica* literature of the early modern period. Indeed professional and commercial rivalries, national allegiances, rising interest in anatomical and toxicological experiments, and international reputations all entered into the debate about this medicinal ingredient. Although today we deem viper flesh as insignificant and ineffective, it had a remarkably long and healthy life in the European *materia medica*.

Renewed Interest in Vipers

Evidence of a renewed interest in drugs composed of vipers appeared in the early seventeenth century, when references to theriac surfaced with greater and greater frequency in pharmacopoeia. By 1607 the French physician Joseph Duchesne would claim that he had been prescribing viper-based pharmaceuticals for more than thirty years and that fellow physicians in Germany, Switzerland, and Belgium were prescribing them as well[1]. By the mid-seventeenth century, in Tuscany the preparation of theriac was a licensed, supervised and profitable monopoly of the state[2].

The growing popularity of viper-based medicines in the early seventeenth century also reflected the rise of chemically prepared medicines. Recipes for the preparation of viperine salts or viperine powders required increasingly sophisticated chemical equipment such as *bain-maries*, furnaces, retorts, alembics, and condensers. The chemical physician Otto Tachenius claimed that the medicinal success of his viperine salt lay in his understanding of the basic chemistry of viper venom and in his careful extraction of its acid in his chemical laboratory[3].

As the century proceeded, the recipes themselves became increasingly tedious and demanding, so much so that eventually the apothecaries and learned physicians were aware that the proper preparation of these medicines was beyond the skill of the ordinary physician or apothecary. Johannes Zwelfer, a German physician, gave a recipe which required mixing the hearts and livers of 30 captured vipers in a cucurbit with a fixated viperine salt prepared earlier from other vipers. To this the chemist would add ammoniac salt and after a distillation for 48 continuous hours, the operator would save what had been condensed on the glass of the receiver, and pulverize it to obtain a pure viperine dust. This substance, he claimed, could then serve as the basis to which the common apothecary would later add amber, musk, honey, cinnamon, or lemon rind in specified proportions[4].

An ample portion of the early modern debates about viper-base medicines centered on the claims of individual pharmacists or physicians to have discovered the fallacies of their competitors' chemical procedures and to have uncovered new chemical techniques for improving the efficacy of their own viper-based medicines. Tachenius, a German physician, made a tidy profit and handsome international reputation from the preparation and sale of his volatile viperine salt in Venice, long the renowned capital of theriac production. He claimed that his chemical treatment of the salt over long hours in his laboratory yielded a product of superior acidity and pleasant taste. However, a fellow German, Zwelfer, challenged Tachenius' claims for a superior chemical process. Zwelfer complained that Tachenius' procedures required excessive cooking and calcination and destroyed the virtue inherent in the viper flesh. He also dis-

1. Joseph Duchesne, *Pharmacopoea dogmaticorum restituta*, Paris, 1607, 497.

2. On the ducal pharmacy of seventieth-century Tuscany see R. Grassini, " La chimica e la farmacia in Firenze sotto il governo mediceo ", *Rivista di Fisica, Matematica e Scienze Naturali*, 8 (1907), 325-345.

3. I have used the English translation entitled *Otto Tachenius, His Hippocrates Chymicus Discovering the Ancient Foundations of the late Viperine Salt with his Clavis thereunto annexed*, trans. J. W., London, 1677, 36-37.

4. Johannes Zwelfer, *Pharmacopoeia augustana et eius mantissa cum animadversionibus I Zwelfer ejusdemque Pharmacopoeia Regia*, Gouda, 1653, 372-378.

agreed with Tachenius as to how to properly " fix " the volatile salt of vipers which collected on the sides of the chemical receiver. Later seventeenth-century chemists, Nicholas Lefebvre and Nicolas Lemery continued to publish their own refinements on how to fix the volatile salt by acids[5]. The chemical debates over the superior chemical treatment of the raw vipers continued throughout the century.

FASHION, CONSUMPTION AND COMMERCE FOR VIPER-BASED MEDICINES

Textual evidence suggests that by mid-century a flourishing market and trade existed for theriac and viper-based medicines. So fashionable had the product become among physicians and consumers, that references to the trade of " viper-catcher " appear. Since pharmacists and physicians who prepared and sold the viper-based medicines often lived in large cities such as Paris, London, or Florence, of necessity they came to rely on others to supply them with the raw ingredients for their medicines[6]. Francesco Redi spoke of the services supplied him by a local viper-catcher, one Jacopo Sozzi, who captured his prey in the nearby hills and sold them to the Florentine state-operated pharmaceutical laboratory. Redi further relied on plentiful supplies of vipers imported from the Neapolitan countryside. Pierre Pomet, a Parisian pharmacist, regularly purchased live vipers on the open market in Paris, where their preparation was never a state-controlled monopoly. Pomet revealed that Parisian apothecaries also relied on regular shipments from the province of Poitou of whole dried vipers which customarily were sold in bundles of two dozen. An experience prepared of viper-based medicines, Pomet willingly imparted his advice to other apothecaries on how to avoid being bitten and how to keep the snakes alive in captivity[7].

In addition to their usefulness in curing disease, vipers came to enjoy popularity at the dinner table among the upper classes, for they were widely believed to bestow health and beauty upon those who ate them. Zwelfer mentioned the growing popularity among the German upper classes of eating capons and hens who had been fed a diet of vipers. As a physician Zwelfer

5. On Zwelfer's attack on Tachenius' recipe for viperine salts see Johannes Zwelfer, *Discursus Apologeticus adversus Hippocratem Chymicum Ottonis Tachenii*, Dordrecht, 1672, 16-17. For Lemery's and Lefebvre's objections see Nicolas Lemery, *A Course of Chymistry, containing the easiest manner of performing those operations that are in use in physick*, translated by Walter Harris, London, 1680, 305-313.

6. An accessible translation of Redi's treatises relating to vipers is Peter Knoefel, *Francesco Redi on Vipers*, Leiden, Brill, 1988. The reference to Jacopo Sozzo is found in Redi's *Observations about Vipers*, London, 1664, 34 and the reference to having vipers brought to him out of the kingdom of Naples appears in his *A Letter of Francesco Redi Concerning Some Objections made upon his Observations about Vipers*, London, 1673, 13-14. On Redi's privileged access to experimental materials see Paula Findlen, " Controlling the Experiment : Rhetoric, Court Patronage, and the Experimental Method of Francesco Redi ", *History of science*, 31 (1993), 35-64.

7. Pierre Pomet, *A Complete History of Drugs*, 2 vols, London, 1712, vol. 2, 274-280.

commended this fashion since he believed it " an excellent emolument " to one's general health[8]. The Parisian pharmacist Moyse Charas asserted that vipers were good as both food and medicine and he produced a recipe for a tasty sauce concocted of thyme, nutmeg, cinnamon and cloves to tempt the palates of anyone who might be squeamish[9]. So widespread was the belief in the corroborative and prophylactic powers of vipers that Francesco Redi could write of three persons known to him who dined regularly on vipers. One, an honest and noble gentleman of a rather delicate build, " in the first flower of youth " consumed a drachma of powdered viper every morning at breakfast, dined daily on a viperine broth at lunch, snacked on the meat of a viper at mid-afternoon, and regularly partook of a thick viper-based soup at his evening meal. Redi ascribed the dietary preferences of these three patients to their shared belief that eating vipers preserved the beauty of the young and restored the lost beauty of the aged. While Redi never declared forthrightly whether or not he thought such a diet deluded, he was clearly aware that the market for vipers, whether dietary or medicinal, was closely linked to vanities and beliefs of the consumer.

The ability of the physician and apothecary to enhance and to profit from this belief in the salutary benefits of eating vipers is patent in the growing debate about viper-based medicines. The more convinced the populace and the medical professions became of the beneficent effects of vipers in foods and medicines, the more frequently the serpents appeared in the medical literature and the more secure became the vipers' position in the *materia medica*. Physicians have always been limited in prescribing what is culturally acceptable, and the increased acceptance of vipers, in numerous forms, is patent in the medical literature.

COMPLAINTS ABOUT FRAUDULENTLY PREPARED THERIAC

Another index of the rising popularity and widespread use of viper-based medicines was the growing frequency of complaints about fraudulently prepared viper-based medicines. Since making a batch of the true stuff commonly required hundreds of live vipers, a costly item on the commercial market, the temptation to adulterate viper-based medicines and to sell the adulterated goods as genuine was strong. Pomet, whose own recipe for viper powder required as its first ingredient twelve *dozen* vipers, realized that the genuine stuff was expensive and that much of what was sold at fairs was fraudulent. Too often what vendors represented as " fine Venetian treacle " and sold for 16 or 18 pence a pound was nothing more than " the cheapest honey, in which is incorporated a parcel of rotten worm-eaten roots and drugs, that are no better

8. Zwelfer, *op. cit.*, 384.
9. Moyse Charas, *New Experiments upon Vipers,* London, 1670, 148.

than the sweepings of shops "[10]. Moreover, far from being manufactured in Venice, the widely acknowledged source of the purest theriac, such medicines bought at fairs were far more likely to have been fabricated at Orleans or Paris and to have not even the smallest trace of vipers in them.

Since the refinements of the ancient recipes were legion, the purity of the viper-based drugs on the early modern European markets was always questionable. Pomet pledged that he had witnessed the apothecaries of Montpellier making theriac according to the most stringent standards. Moreover, he did not deride the preparation of " poor-man's treacle " which used plant materials exclusively and sold at lower prices, if it were openly acknowledged to be an imitation of the true viper-based substance. But he bitterly railed against dishonest apothecaries who unconscionably cut the viper-based medicines with large quantities of boiled honey without acknowledging the feat in order to heighten their profits. Such shabby trade practices, he related, earned these dishonest apothecaries the justly deserved title of " mustard makers " for wild mustard grew on every wayside and was cheap and easy to compound.

THE PROMISE OF VIPER ANATOMY

While the early disputes within the medical community over viper-based medicines centred on whose chemical formula best preserved and concentrated the mysterious powers of the viper to act as an anti-venom, the later debates focused on viper anatomy and what made the bite of the viper so lethal to human health. Anatomy in the seventeenth century had gained considerable prestige and esteem within the learned community. Harvey's discovery of the circulation of the blood had inspired numerous anatomical research programs and the conviction that anatomy held the secret to medical treatments was firm among a growing number of educated physicians and investigators. The pharmaceutical and medical literature of the seventeenth century reveals an increased attention paid to the life cycle and anatomy of the viper. Galen and the ancients had handed down much erroneous information and the early modern investigators were eager to correct and improve upon their inheritance.

Many of those who endorsed viper-based medicines in the early 17th century accepted wholesale the directives of Galen to whip the captured vipers into a frenzy and beat them with rods immediately before slaying them in order to dissipate their poison. Hence numerous authors demanded that the pharmacist cut off the heads and tails, or excise the hearts and livers, which were variously believed to contain the most virulent poison of the reptile.

When Francesco Redi, the experimental investigator at the Medici court in Florence, turned his attentions to the vipers' poisoning, he took up one by one the array of ancient myths surrounding the viper. Empirical observation made

10. P. Pomet, *op. cit.*, 278.

him doubt that viper venom and viper bile were poisonous if swallowed by humans or beasts, and he confirmed his conclusions by experimental tests. He was also eager to get at the root of the larger question of the source of viperine venom ; he concluded, contrary to ancient teaching, that it was not conducted from the gall-bladder to the teeth, nor from punctures delivered by the tail ; instead he fixed the locus of the venom in certain glands of the head which secreted a yellowish fluid flowing from the teeth. Denying that the canine teeth of the vipers were themselves the source of the poison, and reviewing the enormous variety of confusing opinions about the viper's teeth, Redi remonstrated that he had personally examined the mouths of more than three hundred vipers. Proceeding to lay out for his reader his own observations about the viper's teeth which he had closely observed, he contended that the viper's poison flowed outside the teeth and fangs. Hence he maintained that the teeth themselves, if washed of the poison, could inflict no harm on someone punctured[11].

Another investigator of vipers, the Parisian Charas, was equally affronted by the errors of the ancients and their persistence in the modern age. Undoubtedly, Charas was goaded into action by the appearance of Redi's slender book and Redi's enviably wide and expanding reputation in English and Italian experimental circles. Though unable to muster the vast numbers of experimental animals to which Redi had privileged access as the darling of the Medici duke, Charas nevertheless undertook numerous *post-mortem* dissections of vipers in order to determine the source of their toxin. Contrary to Redi, he claimed that the viper's saliva was not the source of its venom, but merely a yellow, insipid and harmless juice[12]. He further concluded that this saliva merely conveyed microscopic " spirits " to the bitten animal and that these " spirits " appeared only if the serpent were actively enraged. While Charas' theory of " enraged spirits " has not survived the test of time, the historian should note that Descartes theory of the passions posited both physiological and materialistic changes in the human body and was widely accepted among learned men of his century. Charas had clearly been influenced by men such as Van Helmont and Descartes who had argued, on respectable philosophical grounds, a close connection between the emotions and the physical spirits.

Redi and Charas continued their heated exchange about vipers and the action of their poisons for several years in a series of published, and widely translated, pamphlets. Charas conceded that Redi had performed *more* experiments, but contended that his own experiments were more *trustworthy* since hundreds of witnesses had gathered to see his demonstrations and dissections at the Jardin des Plantes in Paris. While the two men engaged in heated argument about experimental standards and experimental outcomes, neither ever

11. Redi continued his protests and experiments in his *Letter concerning some objections made upon his observations about Vipers,* London, 1673.

12. M. Charas, *op. cit.,* 103-117.

directly attacked the medicinal value of theriac. Redi claimed that the viper's salt lacked any purgative virtue, and Charas maintained that the oil of viper was too offensive to the nostrils to be used as an external medicine. Each would claim that the other's preparation of the viper-based medicine was inferior, but neither rejected completely the efficacy of viper-based medicines. Indeed Charas would argue that the viper was " one of the chief pillars of physick ". Similarly, the recorded case histories of Redi revealed that he continued to prescribe viper-based broth for his private patients. Bound by ties of patronage to the Medici grand duke, he was scarcely in a position to launch a frontal attack on a profitable monopoly controlled by his protector.

Redi's and Charas' disputes, which reached their apogee between 1668 and 1670, served not only to promote the experimental philosophy but more importantly to draw attention to viper-based medicines. Redi was clearly being sarcastic when he suggested to Charas that one way of the Frenchman's saving face in the harsh light of Redi's superior experimental evidence about the source of viper venom was to claim that French vipers were anatomically and chemically different from the Italian ones with which the Tuscan had experimented. However, the early modern medical community was swift to seize upon any straw of compromise. The Abbé Bourdelot who had entered the fray in 1671 as a self-promoter in the guise of serving as an advocate of peace for the experimental philosophy, took up seriously Redi's suggested compromise position. So too did Nicolas Lemery, the renowned French chemist. Lemery settled the dispute by claiming that Italian vipers have poisonous yellow juice in their saliva, while French vipers, living in a colder climate, required an additional factor of anger to give them sufficient potency for toxicity[13].

Lemery's efforts to defuse the anatomical issue and to refocus the discussion on the medicinal values of vipers was ultimately successful. While historians of science have much preferred to see the debate as a triumph for Redi's experimentalism, they have missed the larger point that the debate strengthened, rather than weakened, the medicinal use of vipers. When the great master of pathological anatomy Giovanni Battista Morgagni treated patients in Padua a full century after Redi's debates with Charas, he prescribed vipers " to restore bodily nutrition, to perfume the blood, and to produce a deviation towards the paths of insensible transpiration "[14]. In recently published case histories Morgagni revealed that Redi's pamphlet war with Charas inspired rather restrained him to prescribe viper broth, roasted viper flesh, and viper distillates for his own patients[15].

13. N. Lemery, *op. cit.*, 308.

14. *The Clinical Consultations of Giambattista Morgagni*, The Edition of Enrico Benassi (1935), translated and revised by Saul Jarcho, Boston, Countway Library of Medicine, 1984, 231.

15. *Ibid.*, 64, 74, 131, 231.

Far from tolling the death knell for a superstitious belief in vipers as a salutary medicinal ingredient, the seventeenth-century debates merely increased its longevity in the *materia medica*. Human passions, if not viperine passions, do much to explain the long and healthy life vipers enjoyed in the Western pharmaceutical tradition. The disappearance of viper-based medicines from the European pharmacopoeia seems to have resulted from a slow and silent withering of interest in the nineteenth century and not from a brilliant and clinching triumph of experiments or clinical trials in the Scientific Revolution of the seventeenth century.

Tradition et modernité
dans la pharmacie hispano-américaine

Patricia ACEVES PASTRANA

L'historiographie des sciences consacrée à l'introduction de la nouvelle philosophie au XVIIIᵉ siècle, et les travaux scientifiques modernes dans le domaine médical-chimique-pharmaceutique, n'ont pas mis en évidence la grande importance de l'œuvre du médecin et pharmacien de Saragosse, Félix Palacios réalisée durant le siècle des Lumières dans l'empire espagnol.

Ce savant traduisit en espagnol le *Cours de chimie* (1675) de Nicolas Lemery et élabora la *Palestra farmaceutica chimico galenica*, publiée en 1706. Ces deux textes ont favorisé, tant en Espagne qu'en Nouvelle Espagne, l'assimilation et l'application précoces des conceptions modernes des pratiques pharmaceutiques dans le domaine mentionné, de même que l'usage des remèdes chimiques.

Après avoir rappelé le cadre scientifique dans lequel cette œuvre se situe, on analysera dans ce travail les principales caractéristiques de la *Palestra farmaceutica chimico galenica* et sa diffusion au Mexique.

L'influence de la philosophie mécanique
dans les théories chimiques et médicales

Au cours du XVIIᵉ siècle, les sympathisants des théories corpusculaires ont développé les conceptions atomistiques des Anciens ; en particulier celles de Démocrite, d'Épicure et de Lucrèce. Cette philosophie établit que toutes les notions sensibles proviennent de certains corpuscules qui agissent sur nos sens. Ces corpuscules indéformables et durs se différencient seulement par leur configuration et par leur volume. Gassendi et les atomistes croyaient qu'ils étaient indivisibles et inaltérables et qu'ils étaient dotés d'un mouvement perpétuel depuis la création du monde, avec des espaces vides entre eux.

L'apparition du système cartésien, qui concorde sur des points fondamentaux avec les thèses atomistiques soutient de manière importante la prépondérance de celles-ci[1]. Cependant, selon Descartes, la matière est étendue et pleine, sans espace vide, divisible à l'infini et ne forme pas d'atome, ni de principe chimique.

Les amateurs de chimie combinèrent leurs doctrines avec les postulats précédents en une synthèse harmonieuse de théories hétérogènes[2]. Dans la même ligne de pensée, Lemery et d'autres pharmaciens et médecins-chimistes essayèrent de réduire tous les phénomènes chimiques et physiologiques à des hypothèses sur les figures des particules de chaque corps définies d'une manière chimérique et, sur cette base, en déduire leurs propriétés chimiques. De même ils ont tenté d'intégrer l'ensemble des nouveautés apparues au cours de plus d'un siècle : l'interprétation chimique des processus physiologiques et pathologiques, l'anatomie vésalienne, la doctrine de la circulation sanguine et d'autres découvertes physiologiques, la recherche anatomopathologique et l'observation clinique, les principes chimiques, l'atomisme et l'image cartésienne de l'être humain[3]. Ces théories leur ont permis de lutter d'une manière énergique contre les principes immatériaux et les qualités occultes de l'aristotélisme et du galénisme et aussi contre les corrélations astrologiques, les sympathies et les aspects les plus obscurs et confus de l'alchimie[4].

L'ŒUVRE DE FÉLIX PALACIOS

Au début du XVIIIe siècle et à la lumière de nouveaux postulats sur la matière et ses transformations, surgit en Espagne la critique contre les disciples de Galien, on remet en cause l'existence des quatre éléments aristotéliciens, on soutient les principes chimiques et on présente l'analyse chimique comme le seul moyen d'obtenir l'information exacte des parties qui composent les solides et les liquides, ce qui permet la préparation chimique des médicaments[5].

Dans ce contexte, le médecin et pharmacien Félix Palacios (1677-1737) traduisit en espagnol le *Cours de chimie* de Nicolas Lemery en 1703, afin de promouvoir la connaissance et l'application de la chimie dans la préparation des

---

1. H. Metzger, *Les doctrines chimiques en France, du début du XVIIe à la fin du XVIIIe*, Paris, Librairie scientifique et technique Albert Blanchard, 1969.

2. A.G. Debus a mis en évidence l'unicité et la complexité de la philosophie chimique ou paracelcisme. Voir *The chemical Philosophy, Paracelsian Science and Medecin in the Sixteenth and Seventeenth Centuries*, New York, 1977.

3. J.M. López Piñeiro, " El primer sistema médico moderno : la iotroquímica de la segunda mitad del siglo XVII. Ia Parte : Posición histórica de movimiento, Sylvio y la iatroquímica holandesa y alemana ", *Medicina Española*, n° 67 (1972), 164-173.

4. B. Joly, " Alchimie et rationalité, la question des critères de démarcation entre chimie et alchimie ", *Sciences et Techniques en perspective*, vol. 1 (1995), 93-108.

5. J.M. López Piñeiro, *La introducción de la cienca moderna en España*, Barcelona, Ariel, 1969.

produits pharmaceutiques[6]. De même, Palacios élabora la *Palestra farmaceutica chimico galenica* qu'il publia à Madrid en 1706[7]. Depuis lors, ce livre fut réédité huit fois, sa dernière publication date de 1792[8].

La *Palestra* promut l'usage des remèdes chimiques et facilita l'assimilation et l'application précoces des nouvelles conceptions et pratiques scientifiques en relation avec la pharmacie, la chimie et la médecine, tant en Espagne que dans ses colonies. Dans notre pays, au Mexique, elle fut largement connue et utilisée dans la pratique quotidienne des médecins et pharmaciens du XVIIIᵉ siècle.

Il faut souligner que furent vendus sept mille exemplaires de la première édition du *Curso chimico* et de la *Palestra farmaceutica chimico galenica*. Leur rédaction en espagnol, le renom du chimiste français Nicolas Lemery et les polémiques de Palacios avec les galénistes ont contribué à leur diffusion[9].

STRUCTURE ET CONCEPTS FONDAMENTAUX DE LA *PALESTRA*

Le long titre qui apparaît sur la page de titre de la *Palestra* informe le lecteur que l'auteur expliquera en espagnol les principes et les fondements " pharmaceutiques chimico-galéniques " les plus probables, qui sont suivis par les plus doctes professeurs de médecine, qui incluent la description des médecines les plus utilisées à Madrid et dans d'autres villes d'Europe, avec leur méthode de préparation. En plus sont indiqués les effets de nombreux médicaments pour faire connaître les simples essentiels dans leur composition et la partie d'entre eux qui doit être conservée pour que leurs effets soient plus sûrs.

La *Palestra* a un caractère utilitaire très marqué. Son auteur essaie d'exposer d'une façon moderne, claire et précise, la préparation des médicaments pour s'opposer à la diversité d'opinions qui donnaient lieu à des confusions sur les vertus et les noms fantastiques attribués à ceux qui y étaient répertoriés dans une grande quantité de produits médicamenteux, de dispensaires, de lexiques, et de bibliothèques des anciens et des modernes. La *Palestra* se compose d'un " *Discurso preliminar* " (qui apparut à partir de la deuxième édition en 1726), de cinq parties et d'un " *tratado des simples* "[10].

---

6. N. Lemery, *Curso chymico*, traducido del idioma frances en el castellano, y añadido por Don Felix Palacios, Socio de la Regia Sociedad Medico-chymica de Sevilla y Boticario de esta Corte, Juan Garcia Infançon, 1703. Félix Palacios était Visiteur Général pour S.M. des Apothicaires des évêchés de Cordou, Jaén, Cadix et abbaye d'Alacalá la Real, Associé de la Société Royale Médico-chimique de Séville, Examinateur du Proto-Médicato Real et Apothicaire de cette Cour.

7. F. Palacios, *la Palestra farmaceutica chimico galenica*, Madrid, Juan Garcia Infançon, 1706.

8. A partir de l'édition de 1726 le contenu de la *Palestra* est resté sans changement.

9. Voir M. Bougard, *La chimie de Nicolas Lemery,* thèse de doctorat en Histoire des sciences et des techniques, Université Charles de Gaulle, Lille 3, 1995.

10. Citation en espagnol : " Discours préliminaire ", " Traité des simples ".

Pour l'élaboration de sa *Palestra*, Palacios s'est basé sur les œuvres de célèbres auteurs de son temps. Dans le domaine de la chimie il a consulté : *La Chimica experimental* et le *Tradado del mercurio* de Jungken, la pharmacopée de Ludovico et les œuvres de Hoffman, de Lemery, Lemort et Barchausen[11]. Pour la partie botanique il s'est servi des ouvrages suivants : *Institutiones rei Herbariæ* de Tournefort, *Tratado de los simples* de Lemery, *Théâtre botanique* de Gaspar Baguino, *Historia universal de plantas* de Juan Baguino, *Farmacología* de Samuel Dalé, *Biblioteca farmacéutica* de Manget, *Regno vejetal* de Konieg, *farmacopea medico-chimica* de Hoffman et *Historia general de drogas* de Pomet[12].

Palacios critique très sévèrement Galien. Il considère que la pensée des anciens a donné lieu à un enchaînement d'erreurs qui empêchaient de découvrir les vérités physiques : " des quatre éléments et leurs quatre propriétés ils supposaient que notre corps possédait quatre humeurs qui sont pituite, sang, colère et mélancolie desquels ils en déduisaient quatre tempéraments : colérique, sanguin, mélancolique et phlegmatique. Les qualités des anciens sont des entités chimériques et la source des qualités célestes ou occultes comme la sympathie et l'antipathie "[13].

Dans cet ordre d'idées, le corps engendre les quatre humeurs et le fait que celles-ci constituent la masse sanguine et les liquides qui sont sécrétés semblent à notre médecin " répugnant et improbable à la raison ". Il ajoute que les nouvelles connaissances sur la circulation sanguine, le fonctionnement des glandes, le mode d'élaboration du chyle, son parcours et son mélange avec le sang, et d'autres nombreuses manifestations anatomiques ont démontré les erreurs des Anciens. Pour faire obstacle à ces erreurs, Palacios admet l'existence de quatre principes chimiques : eau, sel, huile et terre. S'appuyant sur les travaux de Boyle, Valentini, Bayle, Broen, Lemort, Wedelio, Jungken et Sinapio, il affirme que les philosophes expérimentaux recherchent la cause à l'origine des effets. Effets des médicaments que les Anciens expliquaient en termes de " vertus " et qualités alors que la coordination, la structure, le mouvement, la grandeur, la figure, l'ordre des parties sont les effets que l'on observe.

Sur la base des prémisses antérieures, il signale que les auteurs modernes démentent l'existence des quatre qualités (chaud, humide, froid, sec) et les considèrent comme des effets qui se produisent dans notre corps.

11. Afin déviter toute complication, nous avons décidé de garder l'orthographe des titres des livres cités dans le texte.

12. Cit. en espagnol : *Chimie expérimentale, Traité du mercure, Traité des simples, Histoire universelle des plantes, Pharmacologie, Bibliothèque pharmaceutique, le Règne végétal, Pharmacopée médico-chimique, Histoire générale des drogues.*

13. Cit. en espagnol : " de los cuatro elementos, y sus cuatro qualidades supusieron haber en nuestro cuerpo quatro humores, que son, pituita, sangre, cólera y melancoliá ; y de estos sacaron quatro temperamentos, coléricos, sanguineo, melancólico y flemático les cualidades de los antiguos son entidades quiméricas y la fuente de las cualidades celestes u ocultas tales como le simpetía o la antipatiá ". Pour les citations, on s'est servi de l'édition de 1792.

Quand il fait référence à la pharmacie, il dit qu'il s'agit de " l'art qui ensei-gne à choisir, préparer et mélanger les médicaments "[14], et qu'elle se divise en chimie et en galénique, la première étant supérieure et fondamentale parce qu'il existe une différence notoire entre leurs pratiques expérimentales. Il faut cependant préciser que la pharmacie chimique de cette époque mettait en pra-tique une méthode d'observation plus qualitative que quantitative.

Palacios considère que seul l'art chimique peut diviser les corps naturels entre les parties qui les composent, spéculer sur chacune en particulier et expé-rimenter, en les mélangeant séparément ou avec d'autres corps et substances, pour en observer les mouvements qui sont générés, les molécules qui sont for-mées, les figures qui en résultent, la liquidité ou solidité qu'elles acquièrent et beaucoup d'autres choses encore.

Pour Palacios tous les changements advenus à la matière sont dûs à l'action mécanique consistant à mélanger et à résoudre les parties des composants qui interviennent. C'est pour cette raison qu'il explique la réactivité chimique en termes mécaniques, en termes de dissolution de quelques particules dans d'autres. Ainsi, dans un mélange de substances, la substance la plus soluble est celle qui possède les particules les plus proportionnées aux porosités du sol-vant. Durant ce processus les particules du solvant viennent prendre la place de celles des substances " moins sublimes ", qui se précipitent et se déposent au fond.

Dans ce modèle mécanique les processus de trituration et de mélange des parties durant l'élaboration des médicaments revêtent une importance particu-lière.

Palacios explique l'origine des maladies, leur mode de contagion, les parties qui composent les médicaments, la manière d'agir de ceux-ci, les voies de cir-culation des liquides et des médicaments dans le corps et l'élaboration techni-que des remèdes les plus utilisés.

Il pense que les maladies prennent naissance à partir de particules corporel-les, qui mélangées avec les liquides du corps altèrent leur texture naturelle et en pervertissent le mouvement naturel. On peut les soigner en ajoutant des par-ticules médicinales qui corrigent les altérations survenues. Il croit que les molécules du médicament, dissoutes et mises en mouvement provoquent, con-formément à leur structure, divers effets dans les voies corporelles et dans le sang et qu'ainsi les mouvements naturels sont restitués.

En ce qui concerne ses postulats anatomiques, Palacios se réfère à Thomas Willis et à Raymond Vieussens (explication des vaisseaux du corps humain), à Fanton (*Anatomie*) et à Manget (*Théâtre anatomique*).

Palacios décrit les principaux processus utilisés en pharmacie et le mode de préparation des formes pharmaceutiques les plus répandues ; en plus il inclut

14. Cit. en espagnol : " es el arte que enseña a elegir, preparar, y mexclar los medicamentos ".

la description des fours, des verres et autres instruments nécessaires pour ces opérations.

Il divise les opérations générales de la pharmacie en tri, préparation (qui inclut l'extraction, la cuisson, la distillation et la calcination) et mélange. On peut appliquer ces méthodes aux corps naturels d'origine animale, végétale et minérale.

Il classe les instruments nécessaires pour la réalisation des manipulations expérimentales en quatre groupes : les fours et les argiles nécessaires pour les fabriquer, les températures et différences de feu, les solvants, les verres et autres instruments nécessaires. Il ajoute aussi les poids et les mesures utilisés depuis l'Antiquité.

La partie finale de la *Palestra* est constituée par le " Traité des simples " qui comprend l'origine, le choix, les vertus et les doses des simples provenant des règnes animal, végétal et minéral. Vingt-quatre sont d'origine animale, cent d'origine végétale et quarante-sept d'origine minérale.

LIEN ENTRE LA *PALESTRA* DE PALACIOS ET L'ŒUVRE DE LEMERY

Lemery publia en 1675 son *Cours de chimie* et en 1697 deux ouvrages : la *Pharmacopée universelle* et le *Dictionnaire universel des drogues simples.* Ce dernier décrit plus de 5000 drogues simples, qui comprennent toutes les matières minérales, végétales et animales qui entraient dans la préparation des remèdes.

Il convient de signaler que la majorité des drogues de la *Palestra farmaceutica chimico galenica* de Félix Palacios se trouvent incluses dans le *Dictionnaire de drogues simples* de Lemery ; les seules qui ne figurent pas dans ce dernier sont le *Cortex ligni ferri*, le *Sal Cartharticum Hispanicum*, la *Gumma Elemi* et la *Stincus marinus.*

Dans certains cas Palacios a reproduit presque à la lettre l'information provenant de ce *Dictionnaire* dans sa *Palestra*, bien que dans d'autres cas, il ait omis et/ou ajouté des données prises chez d'autres auteurs.

La comparaison des contenus de la *Palestra* de Palacios avec ceux des trois ouvrages de Lemery mentionnés ci-dessus, permet d'établir que la structure de la *Palestra* est semblable à celle de la *Pharmacopée universelle.* On observe que toutes les formes pharmaceutiques incluses par Palacios sont décrites par Lemery et que le Saragosin reprend les explications du Français à leur sujet, bien qu'il présente des exemples différents et introduise diverses préparations espagnoles et à base de mercure. Il faut aussi savoir que, tant les descriptions des principales opérations chimiques, que celles associées aux propriétés et procédés de préparations chimique des médicaments, proviennent en bonne partie du *Cours de Chimie* de Lemery. Plus encore, les trois planches qui présentent les fours, verres et instruments, publiées dans la *Pharmacopée universelle*, sont reproduites dans la *Palestra farmaceutica chimico galenica*.

BIBLIOGRAPHIE MÉDICO-PHARMACEUTIQUE DU XVIIIᵉ SIÈCLE

Les travaux des pharmaciens et médecins chimistes européens ont été connus en Nouvelle Espagne par les médecins, chirurgiens et apothicaires au début du Siècle des Lumières.

Les Archives Générales de la Nation de la ville de Mexico conservent des documents qui en sont témoins. A travers les inventaires et visites des pharmacies de l'époque ont peut repérer les noms des livres consultés par les apothicaires. Cependant le patrimoine documentaire le plus important est celui que renferme le rayon " Inquisition " qui conserve le registre des livres entrés et sortis, ou qui ont changé de destinée dans la Nouvelle Espagne, en plus de l'existence de textes dans les librairies et bibliothèques de ce pays.

A partir de ces registres, nous avons dressé le tableau ci dessous, pour montrer la permanence de la *Palestra* de Palacios et du *Curso Chimico* de Lemery au cours de tout le XVIIIᵉ siècle et même jusqu'au début du XIXᵉ siècle. En effet, vers la fin du XVIIIᵉ siècle, l'organisme recteur de la médecine de la Nouvelle Espagne, le *Real Tribunal des Protomedicato*, examinait les futurs maîtres pharmaciens en utilisant ces textes qui devaient se trouver obligatoirement dans les pharmacies comme ouvrages de référence.

Le *Curso Chimico* (L) et la *Palestra* (P.)

auteur	1716	1726	1738	1741	1765	1777	1784	1793	1794	1795	1803	1807	1810
L	X	X	X	X	X	X		X	X	X	X		X
P			X	X			X	X	X		X	X	

COMMENTAIRE FINAL

La *Palestra farmaceutica chimico galenica* de Félix Palacios ainsi que la traduction en espagnol du *Cours de chimie* de Nicolas Lemery ont constitué de vrais succès éditoriaux. Ces livres ont été utilisés durant un siècle entier pour l'instruction des médecins, des chirurgiens et pharmaciens d'Espagne et de Nouvelle Espagne, et ont été un important véhicule pour la propagation de la nouvelle philosophie dans le domaine médical-pharmaceutique-chimique.

Les pages de la *Palestra* expliquent non seulement la manière dont la philosophie moderne fut appliquée dans les milieux mentionnés, mais renferment également la description d'une certaine façon de concevoir et de manipuler le monde, la nature, le corps humain et les ressources naturelles.

Dans la *Palestra* ont peut observer une grande influence des livres de Lemery. Bien que Palacios recoure à des auteurs déjà dépassés dans quelques aspects comme Thomas Willis, il s'aide également d'auteurs qui représentent des tendances plus modernes comme Jungken et Hoffman.

Comme la majorité des chimistes de son temps, Palacios donne une grande importance à l'analyse chimique, à l'explication des sels comme produits résultant des fermentations et des dissolutions, à l'usage des remèdes chimiques et à l'utilisation du feu comme instrument.

Les traits de nouveauté atteints dans l'œuvre de Palacios se manifestent à travers l'usage de postulats chimiques et mécaniques et la méthode inductive expérimentale et d'observation ; de même que dans la manière d'exposer clairement et simplement. Le tout s'accompagne de la critique des pratiques galénistes sur la saignée et de l'intérêt pour la distillation et la doctrine de Harvey. Malgré ces traits de modernité, on voit simultanément dans la *Palestra* un certain caractère traditionnel avec l'expression d'importantes nouveautés dans des formes classiques. Ce recours a fortement été invoqué à cette époque parce que, par ce moyen, on pouvait maintenir la coexistence entre des parties en contradiction. Il était impossible de faire coïncider les nouvelles données et les idées avec les principes classiques, et en même temps de réduire le danger que pouvaient représenter les doctrines révolutionnaires qu'il n'était plus possible d'ignorer et de rejeter.

Bien que la *Palestra* puisse être considérée comme un un texte moderne au moment de ses deux premières éditions, on ne peut plus le dire pour ses éditions postérieures ; sa réédition durant dix décades pour le travail des médecins, chirurgiens et pharmaciens est peut-être due, en partie, au fait qu'elle est écrite en espagnol, mais aussi au fait qu'il s'agit d'un texte de consultation essentiellement pratique, qui explique clairement les drogues et la manière d'élaborer une grande variété de médicaments sous diverses formes pharmaceutiques ; une caractéristique que le reste des pharmacopées élaborées en Espagne ne possédait pas.

Matière médicale Luso-brésilienne au début du XIXe siècle

Márcia H. M. Ferraz

L'exubérance de la nature du Nouveau Monde a enchanté les Européens lors de leurs premiers voyages, et leurs récits sont pleins des merveilles de l'Éden qu'ils pensaient avoir finalement atteint.

Une fois brisé l'espoir de trouver de l'or facilement et en abondance, les nouveaux venus durent faire face aux besoins de la vie quotidienne et s'adapter à une toute nouvelle réalité.

Par contre, l'Amérique n'a pas déçu les étrangers qui escomptaient y trouver de grandes richesses naturelles. Les colons s'efforcèrent tout d'abord de planter les végétaux venus d'Europe en espérant pouvoir y implanter ce genre de culture. En outre, il s'agissait de trouver des produits de substitution étant donné les distances que les bateaux devaient parcourir et les conditions de préservation des produits, qui arrivaient souvent périmés et à un prix de revient exorbitant. Enfin il leur restait à connaître les produits autochtones dont les aborigènes se nourrissaient et avec lesquels ils se guérissaient contre des maladies que les colonisateurs ignoraient jusqu'à leur venue en Amérique.

Les indiens sont devenus les informateurs des Européens ; les textes de cette époque regorgent de descriptions géographiques, de coutumes, de climats et de produits locaux, parmi lesquels on trouve des métaux et pierres précieuses, des denrées alimentaires, des médicaments et matériaux de construction pour les logements[1].

Encore une fois les récits soulignent l'étonnement des étrangers quand ils apprennent à manier les végétaux, comme par exemple, le manioc, que les indiens différenciaient d'une autre racine nommée *Aipim*. Les racines du

---

1. Sur les textes écrits sur le Brésil du XVIe siècle, voir F.C. Hoene, *Botânica e Agricultura no Brasil no século XVI* ; *Pesquisas e contribuições*, São Paulo, Nacional, 1937. Voir aussi, notre papier " A química médica no Brasil colonial : o papel das novas terras na modificação da farmacopéia clássica ", in Ana M. Alfonso-Goldfarb et Carlos A. Maia, org., *História da Ciência : o mapa do conhecimento*, Rio de Janeiro, São Paulo, Expressão e Cultura, Edusp, 1995, 693-709.

manioc étaient fatales pour l'homme et pour l'animal si elles n'étaient pas vidées de son poison avant la cuisson, ou avant de les transformer en farine.

L'utilisation du manioc comme médicament a fortement intéressé les colonisateurs. La racine, après avoir macéré dans l'eau, était séchée au feu et ensuite pilée. La poudre, mieux connue sous le nom de *carimã,* mélangée à l'eau froide était un excellent antipoison contre les piqûres de couleuvres, très nombreuses au Brésil. Le *carimã* était prescrit aux personnes qui prenaient le manioc pour du *aipim* et le mangeaient après l'avoir rôti. Ceci était fort intéressant pour les Européens, car contre le poison du manioc était utilisé un contrepoison, lui même extrait du manioc[2].

La censure limitait la publication de toute littérature relative aux richesses de la colonie portugaise en Amérique, principalement celle concernant les minéraux[3]. Le même sort était réservé aux mémoires commandés par le gouvernement portugais aux naturalistes, et ce, surtout à partir du dernier quart du XVIIIe siècle, lors de la réforme de l'Université de Coïmbra qui introduisit notamment les études de " sciences modernes " dans le cadre de la formation des médecins ainsi que la carrière de naturaliste. Le Brésil a fait l'objet d'une série de récits, la plupart des mémoires écrits par les naturalistes étaient destinés aux archives de l'Académie des Sciences de Lisbonne et aux archives gouvernementales. Restés pour la plupart à l'état de manuscrit, ils ont peu contribué à la propagation des connaissances notamment sur les productions naturelles dans la colonie portugaise en Amérique[4].

Les végétaux ont été couchés dans les manuscrits, dans lesquels les botanistes tentaient de les classer selon les méthodes en usage. Ces études pouvaient être suivies de publications. Citons en guise d'exemple un texte écrit par Domingos Vandelli (1730-1816), publié en 1788 : *Florae Lusitaniae et Brasiliensis specimen* dont l'élaboration est due en grande partie à Carl von Linné[5].

Parmi les végétaux décrits par ces naturalistes, on trouve ceux qui servaient de remèdes. Une fois reconnu pour ses vertus médicinales, un nouveau médicament pouvait faire l'objet d'un article dans les *Pharmacopées* et pouvait alors figurer dans les textes de *Matière médicale.*

2. Voir, par exemple, Gabriel Soares de Sousa, *Tratado descritivo de Brasil em 1587*, 5e ed., São Paulo, Brasília, Nacional, INL, 1987, 172-179.

3. Au début du XVIIIe siècle le texte de André João Antonil (en fait, le jésuite João Antonio Andreoni) fût interdit parce qu'il contenait des informations sur les richesses brésiliennes. Voir l'étude de Affonso de E. Taunay, publiée comme l'introduction de la troisième édition du livre d'Antonil, Belo Horizonte, São Paulo, Itatiaia, Edusp, 1982.

4. Sur la création des chaires de sciences naturelles et sur les mémoires des naturalistes luso-brésiliens, voir notre étude : *As ciências em Portugal e no Brasil : o texto conflituoso da Química*, São Paulo, EDUC/FAPESP, 1997.

5. Domingos Vandelli, *Florae lusitaniae et brasiliensis specimen, et epistolae ab eruditis viris Carolo Linné, Antonio de Haen ed Dominicum Vandelli scriptae,* Coïmbra, Tip. Academica Regia, 1788.

Pour mieux appréhender la place occupée par les médicaments brésiliens d'origine végétale dans l'ensemble des travaux portugais, nous avons sélectionné quelques textes consacrés spécifiquement à ce genre de plantes et publiés à cette époque.

Commençons par le texte de Bernardino Antonio Gomes (1768-1823), " *Observationes botanico-medicae de nonnullis brasiliae plantis* " publié en 1812[6]. En plus de la description préconisée par la méthode de Linné, Gomes cite les noms avancés par d'autres naturalistes pour le même végétal, les vertus médicamenteuses de certaines parties des plantes ainsi que certaines situations où elles devraient être utilisées. Chaque espèce est accompagnée d'une planche d'illustration, car presque personne ne connaissait, d'après lui, les végétaux en question.

Le jaquier semble être un exemple intéressant. Gomes connaissait fort bien les descriptions des jaquiers des Philippines et des Indes faites par Jean Baptiste de Monet, chevalier de Lamarck (1744-1829). Cependant le jaquier brésilien semblait une espèce nouvelle. Il mérita alors le nom de *Artocarpus brasiliensis*[7]. Pour ceux qui ne sont pas familiarisés avec les études des espèces botaniques brésiliennes, nous dirons que les études postérieures ont fixé l'origine du jaquier aux Indes[8]. Le mémoire de Gomes nous renseigne, en plus des jaquiers, sur quatorze autres espèces, dont deux d'un tout nouveau genre auquel appartiennent la *Guapeba*[9] et la *Mangabeira*[10].

Gomes a dédié d'autres travaux aux études des végétaux utiles, comme par exemple, le mémoire sur la cannelle de Rio de Janeiro et le mémoire sur l'ipéca ou ipécacuana[11].

Dans la première étude, Gomes s'attache à discuter les conditions dans lesquelles la cannelle poussait dans son pays d'origine, Ceylan, et les conditions d'acclimatation de cette épice à Rio mais aussi à d'autres endroits. Il en conclut que les différentes variétés de terrains rencontrées au Brésil, conjuguées aux différences de climat ont causé la dégénérescence de l'arbre qui finit par ne plus produire son huile essentielle caractéristique. Gomes tenta plusieurs expériences sur diverses parties de l'arbre pour en isoler l'huile et les gommes-

6. Voir le texte de Gomes in *Memórias da Academia Real das Sciencias de Lisboa*, t. III, vol. 1, 1812, 1-104.

7. *Ibid.*, 84-92.

8. Voir José E.M. Ferrão, *A aventura das plantas e os descobrimentos portugueses*, Lisbonne : Instituto de Investigação Científica Tropical, Comissão Nacional para as Comemorações dos Descobrimentos Portugueses, Fundação Berardo, 1992, 182-183.

9. *Pouteria laurifolia* Radlk.

10. *Hancornia speciosa* Gomes. Sur les nouveaux genres de plantes décrits par Gomes, voir Olympio da Fonseca, " Bernardino Antonio Gomes ", in Edgard C. Falcão, org., *Bernardino Antonio Gomes ; Plantas Medicinais do Brasil*, vol. 5, São Paulo, Brasilia Documenta, 1972, 15.

11. *Memoria sobre a canella do Rio de Janeiro*, Rio de Janeiro : Impressão Régia, 1809 ; *Memoria sobre a ipecacuanha fusca do Brasil, ou cipó das nossas boticas*, Lisbonne, Typ. Chalcographica e Literaria do Arco do Cego, 1801, réédition en fac-similé, in Falcão, *op. cit.*, I-XLVI.

résines. Il recherchait en fait les vertus de la cannelle, en utilisant ses connaissances chimiques, comme il l'avait fait pour d'autres plantes telles que le quinquina et l'ipéca[12]. Quant à ses effets médicamenteux, il proposa aux médecins de faire des expériences pour déceler si ses vertus étaient semblables à la cannelle de Ceylan.

Son étude sur l'ipéca a été écrite pour dissiper certains doutes qui planaient sur le végétal en Europe depuis près de deux siècles, comme le laisse entendre Gomes lui-même. Il commence par établir les différences existantes entre les deux espèces d'ipécacuana : le gris et le blanc considéré comme un faux ipécacuana[13]. Notre analyse portera (justement) sur l'ipéca gris.

La racine de l'ipécacuana gris était réputée comme émétique, antispasmodique, diaphorétique (sudorifique) et comme servant d'antidote contre l'opium[14], selon une liste établie par Gomes sur les vertus de ce remède[15]. Ainsi, d'après ce qu'en dit l'auteur, l'ipéca (en français le mot ipéca désigne la racine) était prescrit pour les hémorragies, les diarrhées mais aussi comme expectorant.

Gomes analyse les avantages que peut procurer l'ipéca sur d'autres médicaments et certaines situations dans lesquelles celui-ci était utilisé, mais sur lesquelles il n'est pas d'accord.

En considérant l'ensemble des écrits de Gomes sur cette question, notamment sur les prescriptions médicinales de ces plantes, on voit qu'il se limite à les classifier comme vomitives, purgatives, fébrifuges, antispasmodiques, etc., sans nommer les sources doctrinales sur lesquelles il basait ses affirmations[16].

Le texte de José Maria Bomtempo (1774-1843) est totalement différent : *Compendia de matière médicale*[17], publié en 1814 par l'Imprimerie Royale, première maison éditoriale autorisée à s'installer au Brésil. En effet, après l'installation de la Cour portugaise dans sa colonie américaine, en 1808, plusieurs institutions ou organismes virent le jour, tels que les établissements

12. Gomes, médecin sorti de l'Université de Coïmbra, a réalisé plusieurs études sur le quinquina (*Cinchona officinallis*). Sur cela, voir notre papier : " Los estudios sobre las quinas en la literatura química-médica portuguesa de los inicios del siglo XIX ", dans Patrícia Aceves Pastrana (ed.), *Farmacia, historia natural y química intercontinentales,* México, Universidade Autonóma Metropolitana, 1996, 189-201.

13. L'ipécacuana gris a été nommé par Gomes *Callicocca Ipecacuanha* et le faux ipécacuana, l'ipécacuana blanc, *Richardia Brasiliensis*. L'ipécacuana gris est aujourd'hui nommé *Psychotria ipecacuanha* Stokes ou *Cephaelis ipecacuanha* Rich ; voir José Ribeiro do Valle, " A propósito das Observações Botânico-médicas de Bernardino Antonio Gomes ", dans *Falcão, op. cit.*, 29.

14. Dans les préparations pharmaceutiques l'ipéca était associé à l'opium pour éviter ses effets nocifs.

15. Voir le mémoire sur l'ipéca, 18.

16. Du même, le texte " Mappa das plantas do Brazil, suas virtudes, e lugares em que florescem ", publication anonyme parue dans le périodique *O Patriota,* juillet et août, 1814, 3-12, est une liste de plantes avec leurs noms populaires et scientifiques, une description du végétal et de ses vertus médicamenteuses ainsi que de l'endroit où elles pouvaient être trouvées.

17. José Maria Bomtempo, *Compêndios de Matéria médica*, Rio de Janeiro, Regia Of. Typografica, 1814.

d'enseignement supérieur qui inaugurèrent du même coup des études de sciences médicales et des cours d'ingénieurs[18].

Bomtempo, nommé professeur de matière médicale à Rio de Janeiro, a écrit les *Compendia* dans le cadre de ses cours, composés en quatre parties. La première relative aux définitions générales de la matière médicale, comportant une classification des remèdes selon leur vertus et leurs effets ; la deuxième traite de la matière médicale descriptive, dans laquelle les simples étaient regroupés par ordre alphabétique ; la troisième était consacrée à une discussion sur les principes de la pharmacie, les opérations, les instruments et les moyens de récupérer les matériaux issus des trois règnes de la nature. Finalement, une quatrième partie, appelée pharmacopée, expliquait comment composer les ordonnances médicinales.

L'auteur des *Compendia* s'est inspiré des idées d'Erasme Darwin présentées dans sa *Zoonomia*[19]. Ainsi, pour Bomtempo, le corps vivant était doté des propriétés d'irritabilité, de contractilité et de sensibilité pouvant être excitées par certains stimuli à des mouvements variés ; d'où résultaient la volonté et l'association. Selon ces propres termes, " de l'action des stimuli appliqués sur ces propriétés, résulte la série de phénomènes qu'on appelle vie animale, laquelle se manifeste par un continuel état de divers mouvements ". En considérant que l'énergie du système nerveux dépendait des sécrétions extraites du sang, Bomtempo pensait que de la qualité du sang dépendaient l'état de santé et l'état " morbide ". De la sorte, les aliments devaient préserver la bonne qualité du sang. Quand certaines causes provoquaient des changements dans les propriétés vitales, en modifiant par exemple les mouvements caractéristiques du corps vivant, survenaient alors les maladies dues à l'irritation, aux sensations de volition et d'association et il était nécessaire de prescrire des remèdes qui agissaient en stimulant ou en débilitant ces mouvements[20].

Pour classer les remèdes nécessaires pour ces quatre types de maladies, Bomtempo s'en remettait à Darwin qui, lui, les divisait de la façon suivante : *nutrientia, incitantia, secernentia, sorbentia, invertentia, revertentia et torpentia*[21].

Après avoir classifié les genres de médicaments, Bomtempo regroupe les remèdes dans ces sept catégories. Il dit par exemple : " on appelle incitants les agents qui augmentent les efforts, ou l'intensité de tous les mouvements

18. La chaire d'Anatomie ainsi que la chaire de Médecine théorique et pratique ont été créées dans le cadre de la Médecine. Le professeur de Médecine théorique et pratique devait enseigner les principes élémentaires de matière médicale et pharmaceutique. Sur ce sujet, voir notre étude *As ciências em Portugal e no Brasil, op. cit.,* surtout le chapitre 5.

19. Bomtempo, *op. cit.,* IX. Le texte de Darwin référé par Bomtempo est : *Zoonomia, or the Laws of Organic Life.* Pour ce papier nous avons consulté la 4e éd. nord-américaine, 2 vols, Philadelphia, Edward Earle, 1818.

20. Bomtempo, *op. cit.,* 1 *et seq.,* cit. 1-2.

21. Voir : " Articles of the *Materia Medica* ", 3e partie du texte de Darwin, *op. cit.,* publiée dans le vol. I, ainsi que Bomtempo, *op. cit.,* 3-4.

irritants ". Puis il nous donne des exemples de ce genre de médicaments :
" l'opium, l'alcool, le vin, l'ail, la cannelle, le gingembre, la menthe, le poivre,
(...) la chaleur, l'électricité (...), l'oxygène, (...) les passions incitantes comme
la joie, la haine et l'amour "[22].

On en vient alors finalement à la deuxième partie, c'est celle qui nous intéresse le plus : " Matières médicales des simples, ou descriptions des substances
extraites des trois règnes de la nature, et qui sont fort utilisées dans la pratique
de la médecine "[23].

Quant aux végétaux, Bomtempo nous donne leurs noms communs et leur
nom botanique, ainsi qu'une description et leur provenance. Ces données sont
suivies d'une discussion autour de leurs propriétés médicamenteuses en accord
avec la classification effectuée par Darwin, comme nous l'avons vue plus haut.

Il est intéressant de souligner que Bomtempo enregistre comme " propre au
Brésil " plusieurs végétaux introduits en Amérique, comme le gingembre, le
poivre, la noix de muscade, l'absinthe et l'orange. L'adjectif *propre* est aussi
utilisé pour qualifier les plantes qui sont en effet originaires du Brésil, ou
d'autres contrées telles que, par exemple, la plante qui donne un extrait, le
Baume de Tolù[24], le quinquina et certaines espèces de salsepareille. Il utilise
le terme " indigène du Brésil " uniquement pour le copaïer[25]. Il ne semblait
pas être intéressé à spécifier la provenance ou l'origine des végétaux.

Les vertus du copahu (le baume extrait du copaïer) sont décrites par presque
tous les voyageurs qui ont écrit sur les plantes brésiliennes. Dès 1625, lors de
la publication par Francis Purchas du récit de Fernao Cardim, un jésuite qui
vécut longtemps au Brésil, l'usage du copahu était connu comme panacée en
Europe[26]. Les premiers textes médicaux écrits en portugais au Brésil font allu-
sion au copahu[27].

Pour Bomtempo, la vertu principale du copahu vient de ses propriétés incitantes. Prescrit en quantité modérée, il fortifiait le système nerveux. Ce qui est
en plein accord avec sa pensée médicale[28].

Maximiniano Lemos nous dit, dans son *Histoire de la médecine au Portugal*, que les *Compendias* de Bomtempo, lorsqu'ils discutent les remèdes d'origine végétale, s'inspirent de Francisco Tavares. Lemos ajoute : " on ne trouve
dans cette partie (la deuxième) que rarement la description des plantes brési-

22. Bomtempo, *op. cit.*, 5-14 et 15-25, cit. p. 6 et 15.

23. Bomtempo, *op. cit.*, 26 *et seq.*

24. Myrospermum toluiferum.

25. *Copaifera officinallis L.*

26. Le texte de Fernão Cardim a été publié par Francis Purchas sous le titre : *A Treatise of Brazil writen by a Portugal which had long lived there*. La 1re édition en portugais est parue en 1925,
voir C. de Mello Leitão, *A Biologia no Brasil*, São Paulo, Nacional, 1937, 50 *et seq.*

27. Voir notre papier : " A química médica no Brasil colonial ", *op. cit.*

28. Bomtempo, *op. cit.*, 43 *et seq.*

liennes qu'on avait déjà étudiées en Europe "[29]. Il est vrai que Bomtempo affirme suivre Tavares dans son organisation de la troisième et quatrième parties où il expose les manipulations pharmaceutiques ainsi que les manières de préparer les médicaments[30]. Si les recettes étaient de Tavares, les ingrédients qui les composent en allaient de même. La *Pharmacopea Generale* de Tavares, publiée en 1794 et destinée à fournir les procédés de fabrication des médicaments pour l'ensemble du royaume portugais, ne diffère en rien, pour ce qui se rapporte aux remèdes, des textes antérieurs. Pour certains historiens, il semble que Tavares ait fait une sélection des remèdes en usage, en choisissant les formules consacrées[31]. Tavares regroupe les remèdes par ordre alphabétique comme le faisait Bomtempo.

Cependant, une grande distance sépare ces deux textes. D'après l'historien portugais João Rui Pita, Tavares ne discute pas les prescriptions thérapeutiques, c'est pourquoi il nous faut considérer l'inventaire de Tavares, selon les termes de Pita " plus comme une minutieuse Flore pharmaceutique que proprement, un traité de matière médicale "[32]. C'est justement ici que je perçois la différence entre les deux oeuvres. Certes, Bomtempo parle des mêmes remèdes que Tavares, mais il les inscrit dans une théorie médicale, celle d'Erasme Darwin.

Quant au fait de ne pas ajouter d'autres plantes brésiliennes, il a sans doute suivi les idées de Tavares qui se borne à n'exposer que les remèdes célèbres ; c'est pourquoi l'ipéca et la copahu tiennent une place importante dans son texte. Il semble important de rappeler que le livre a été écrit à la suite de son arrivée au Brésil, après dix années en Afrique. Supposons qu'il eut voulu introduire des nouveaux médicaments, il n'aurait pas eu le temps d'apprendre sur place les vertus et l'usage des plantes indigènes. D'autre part, il voulait écrire un texte destiné à ses étudiants, notamment pour les apprentis-chirurgiens, qui devaient acquérir les connaissances essentielles dans l'exercice de leur activité au sein de l'armée, tout comme les étudiants en pharmacie. Selon ses termes, ses étudiants ne possédaient pas les connaissances élémentaires de chimie et d'histoire naturelle exigées pour être capables de suivre des cours de matière médicale[33]. Il a dû alors écrire un texte plus accessible de façon à pouvoir y

29. Maximiano Lemos, *História da Medicina em Portugal ; Doutrinas e Instituições*, t. II, Lisbonne, Manoel Gomes, 1899, 349.

30. Bomtempo, *op. cit.*, X-XI.

31. João Rui Pita, *Farmácia, Medicina e saúde pública em Portugal ; 1772-1836*, Coïmbra, Minerva, 1996, 213 *et seq.*

32. *Ibid.*, 221.

33. Bomtempo, *op. cit.*, VI. Les " Planos de estudo de Cirurgia ", publiés en 1813, permettaient aux étudiants qui savaient le latin et la géométrie de s'immatriculer en deuxième année d'étude de Chirurgie. Cela signifiait qu'ils étaient dispensés de suivre les cours de " chimie pharmaceutique, et les connaissances des genres nécessaires à la matière médicale et chyrurgie sans applications ". *Colleção das Leis do Brasil ; Cartas de Lei, Alvarás, Decretos e Cartas Régias, 1813*, Rio de Janeiro, Imprensa Nacional, 1891, 8-10.

exposer les notions de base pour pouvoir reconnaître un simple d'un autre, et préparer les procédés pharmaceutiques nécessaires à la fabrication des médicaments.

C'est pourquoi, il s'est limité à résumer les choix opérés par Tavares, en optant pour les matériaux qu'on pouvait alors trouver à Rio de Janeiro. Sans doute, ses idées médicales qui réduisaient les causes des maladies à un petit nombre, l'ont poussé à n'utiliser aussi qu'un petit nombre de remèdes, réduisant ainsi le nombre des simples, comme on peut voir dans un autre texte que Bomtempo a fait publier en 1825 : *Ébauche d'un système de Médecine*[34].

En guise de conclusion, je dirai qu'un amalgame de facteurs divers a fait que la majeure partie des connaissances indigènes dans ce domaine des végétaux brésiliens, se soit perdue. Les tous premiers textes écrits par les Européens au Brésil n'ont pas été connus par les Portugais de l'époque. Certains de ces textes écrits en portugais n'ont vu la lumière que deux siècles plus tard ; les travaux commandés par le gouvernement sont restés à l'état de manuscrits pendant longtemps. Les drogues sont restées secrètes et l'apanage des indiens ou des colons qui les connaissaient mais qui ne les compilaient pas dans les pharmacopées.

REMERCIEMENTS

Je remercie l'Université de Liège du " grant " offert pour participer au Congrès.

---

34. Bomtempo, *Esboço de hum systema de Medicina Pratica*, Rio de Janeiro, Typographia Nacional, 1825.

THE FIRST *MATERIA MEDICA* OF INDEPENDENT MEXICO

Ana María HUERTA JARAMILLO

ANTECEDENTS

The first *Materia Medica* published in Independent Mexico was written by Antonio De la Cal y Bracho, a Spanish pharmacist and botanist born in Burgos, who moved to the city of Puebla in 1795 and was professor of Botany and Head Pharmacist at the Royal Hospital of Saint Peter[1]. A year later, De la Cal was appointed correspondent of the Royal Botanical Gardens in Madrid at a time when a battle was being fought within the Royal Academy of Medicine between Cavanilles and Casimiro Gómez Ortega's allies for the control of Botany in Spain[2]. It was the time of the most important Castillian initiatives in the Botanical Gardens destined to teaching, with a zeal for renewal from the Health professions, especially from Pharmacy.

Since De la Cal arrived in Puebla, he worked intensively to institutionalize the teaching of Botany by establishing a Botanical Garden. However, his project was spoiled by the movement of Mexican Independence which broke out in 1810. Later, De la Cal participated in the foundation of the Health Board of Puebla in 1813 and the Medical Surgical Academy of Puebla in 1824. In 1825, he was able to publish *Tablas Botánicas* (Botanical Tables), elaborated after the Linnaean guidelines by Julián Cervantes, son of Vicente Cervantes[3], a professor at the Royal Botanical Gardens in Mexico.

1. More biographical data of Antonio De la Cal in J. Ana María Huerta, *El Jardín de la Cal. Antonio de la Cal y Bracho, la botánica y las ciencias de la salud en Puebla, 1766-1833*, Puebla, Gob. Del Edo. de Puebla, Sría. de Cultura, 1996, (Colección Catalejos, 14).

2. Francisco Javier Puerto Sarmiento, *Ciencia de Cámara*, Casimiro Gómez Ortega (1741-1818), El científico cortesano. Consejo Superior de Investigaciones Científicas, Madrid, 1992, 90 (Estudios sobre la Ciencia 7).

3. Julián Cervantes, *Tablas Botánicas*, que para el más pronto y fácil estudio de esta ciencia dispuso… impresas a expensas de la Academia Medicoquirúrgica de esta ciudad de Puebla, (A quien le fueron presentadas por su benemérito socio D. Antonio de la Cal), Puebla de los Angeles, Impresa en la Oficina de Moreno Hermanos, 1825.

One of the purposes to create the Medical Surgical Academy was to work on an indigenous-based Pharmacopoea. Antonio De la Cal put his efforts into composing it and was able to publish it in 1832.

Antonio De la Cal's main concern for the publication of his *Ensayo para la Materia Medica Mexicana*[4] was the need to provide people who must live outside cities or large villages with no resort to physicians with a clear and simple method to apply those plants they already knew and used for healing more safely in recommended and timely dosages. Thus, the common mistakes which were made due to improper usage of such substances would be avoided[5].

DESCRIPTION OF *MATERIA MEDICA*

As a synthesis of the apothecary tradition in Puebla, *Materia Medica* comprises products from the three kingdoms of nature. The section of the vegetable kingdom records about 116 plants with their *vulgar* names in Nahuatl or Spanish and the names of *genus* and *species* in Latin. With the same characterization, it gathers another 49 specimens as *substitutes*. This means the classification also implies the origin of the individuals and, as a consequence, it includes autochtonous plants, which are 44 ; 18 are recorded as coming from the Antillas and the Caribbean Islands ; 11 are from the American Continent itself ; 8 are of Spanish or European origin ; 4 come from Africa, and 2 are recorded as of Eastern origin. This integration and origin of the vegetable part of *Materia Medica* can be explained by the intensive trade that took place in Puebla for centuries (see appended tables).

In contrast with the previous section, the one dedicated to the animal kingdom only includes four individuals of national produce : the axolot or *Salamandra Mexicana,* the *Axin,* the terminete or *Parakee nest*, and the rattlesnake or *Crotalus Horridus.*

Within the mineral kingdom, only the so-called soil of Villerias or *Bol gris* is mentioned and the study of mineral waters from Mexico — those from Puebla in particular — is recommended.

In this essay, De la Cal refers to authors — most of whom were his contemporaries — on whose work he based all the essentially botanical information, yet he accounts little for the titles of the referred works which also served as models for organizing his data (the list of quotations includes : Aition, Cevanilles, Cervantes, N.A. Desvaux, Dunal, Flora Mexicana Inédita, Dr. Hernández, Jacquin, Jussieu, Kunth, Linneo, Lamarck, Lexarza, Dr. Llave,

---

4. Academia Médico Quirúrgica de la Ciudad de Puebla, *Ensayo para la Materia Medica Mexicana,* Arreglado por una comisión nombrada por... El año de 1832, México, Of. Tip de la Sría. de Fomento, 1889, (Edición de " El Estudio ").

5. Antonio De la Cal y Bracho, " Bibliografía ", *Registro Trimestre,* O colección de Memorias de Historia, Literatura, Ciencias y Artes, Por una Sociedad de Literatos, Abril de 1832, México, Oficina del Aguila, dirigida por José Ximeno, 359.

Ortega, Palau, Ruiz y Pavón, Jac. Y Sims., Sprengel, Swartz and Willdenow ; between lines, it includes : Jourdan, Bergio, Nicolás Viana, José Ramírez Alzate, Padre Plumier, Lignón, Magendie, Alibert, Missner, Pelletier, Caventou, Seeliger. The transcribed texts include : Vicente Cervantes, José Mariano Mociño and Luis Montaña).

Other researchers of this topics have revealed the bibliographic sources of *Materia Medica*, such as Linnaeus, who is quoted chiefly ; Palau y Verdera ; Hernández (both Madrid and Rome editions) ; *Flora Mexicana Inédita*, which resulted from the *Royal Botanical Expedition* ; studies by Vicente Cervantes ; and the works by Luis Montaña y Mariano Mociño at the hospital wards. In addition to Mexican journals such as *Gaceta de México*, *Gaceta de Literatura* and *Observador de la República*[6], there are also personalities such as Gómez Ortega, Lambarck, Humbolt, Bonpland, and Pablo de la Llave — an unrecognized figure who kept a close relation with Antonio De la Cal.

The work of the authors from diverse geographical and cultural settings will be reviewed next. These authors were part of Antonio De la Cal's scenario and, in fact, many of them visited America

THE SPANISH INFLUENCE

In his *Description de las plantas* (Description of plants), made up by the lectures published in 1801[7], Canavilles supplies an alphabetical index with the essential and differential features of the genera. He points out that in order to give shape to his book, he made use of works by authors he shared with Antonio De la Cal : Linnaeus, Goertner, Duhamel, Jussieu, Hewigio, Smith, Jacquin, Valh, Swartz, Billiard, Lamarck, Saussure, Ventenat, Link, Willdenow, and Desfontaines[8]. In this paper, Canavilles registers 11 of the botanic species recorded by De la Cal.

The work produced jointly by naturalists Hipólito Ruiz and José Pavón under the title *Systema Vegetabilium Florae*[9]. Both scientists returned to America in 1787 and in less than a year they were ready to go back to Spain along with a large quantity of vegetable and mineral produce.

---

6. Patricia Aceves, " Hacia una farmacia nacional. La primera Farmacopea del México independiente ", in *idem* (ed.), *Farmacia, historia natural y química intercontinentales*, México, UAM-Xochimilco, 1996, 169-170, (Estudios de historia social de las ciencias químicas y biológicas, 3).

7. Antonio Josef Canavilles, *Descripción de las plantas*, que... demostró en las lecciones publicadas del año 1801, Madrid, En la Imprenta Real, 1802.

8. *Idem*, V.

9. Hippolyto Ruiz et Josepho Pavon, *Systema Vegetabilium Florae*, Peruviane et Chilensis, Characteres prodomi generico differentiles, Tomus Primus, Typis Gabrielis de Sancha, MDCCX-CVIII.

THE FRENCH INFLUENCE

The oldest French author is Charles Plumier, who is considered the most important botanic explorer of his time since he visited America three times. Plumier classified 106 new species and published works on his findings in America, from which *Plantarum Americanarum fasciculi decem* stands out[10].

Jean Louis Alibert, a physician and biologist, narrated his experiences in a work where he describes skin diseases and their treatment methods. The Alibert preparations stand out, which include the antiseptic ointment, stimulating lotion, strengthening bowls, acoustic, injection, hazy satin spear ointment, red or mercurial water, *etc.*[11].

The botanist Michel Felix Dunal, a disciple of Augustin de Candolle, sat in for him a professor at Montpellier and surely influenced upon De la Cal's *Materia Medica* due to his remarkable organogenic and physiological studies of plants[12].

The biologist and physician Francois Magendie, founder of the modern physiology, carried out well-know research on absorption, circulation, vomit, mechanism, cerebrospinal fluid, and most notably on the nervous system. In particular, he includes Vichy digestive pills, whose properties have been compared with those of the mineral water from the city of Atlixco and whose analysis is recommended by De la Cal[13].

Auguste Nicasio Desvaux was Director of the Botanical Garden in the city of Angers. Between 1803 and 1809, he published a journal of Botany and then studied the family of cyperaceas in depth as well as the flora of French regions.

The biologist Antoine Jacob Louis Jourdan besides being a translator, worked on an important instrument — an etymological dictionary of terms used in Natural Sciences — and on *Pharmacopée Universelle* (*universal Pharmacopoeia*), which was translated in several languages[14].

10. Plumier wrote : *Description des plantes de l'Amérique* (1693) ; *Nouveaux genres de plantes d'Amérique* (1703) ; *Traité des fougères de l'Amérique* (1705), Enciclopedia Universal Ilustrada, Europeo-Americana, Espasa Calpe, Madrid, 1940, (*EUI*), t. 45, 882.

11. Among his works, there are : *Description des maladies de la peau observées à l'hospital Saint-Louis et exposition des meilleures méthodes suivies pour leur traitement ; L'Art de formuler* y *Nouveaux élements de thérapeutique et matiére médicale*, EUI, t. 1, 695.

12. Dunal's works : *Histoire naturelle médicale et économique des Solanum et de genres qui ont été confondus avec eux* (1813) ; *Solanorum generumque affunium synopsis* (1816) y *Monographie des Anonacées* (1817), *EUI*, t. 18, 2477.

13. F. Magendie, *Précis Élémentaire de Physiologie*, Deuxième Édition, A Paris : Chez Mequignon-Marvis Libraire Editeur, 1825, Tome premier, 384 p., Tome second 603 p. About mineral water : J. Bibiano Carrasco, *Estudio de las Aguas de Axocopan*, (Distrito de Atlixco Estado de Puebla), México : Oficina Tipográfica de la Secretaría de Fomento, 1889, 91, (Ediciones de " El Estudio ").

14. Among his original works, there are : *Traité complet de la maladie vénérienne*, Paris, 1826 ; *Pharmacopée Universelle*, Paris, 1828 ; *Dictionnaire raisonné étymologique... des termes usités dans les sciences naturelles*, Paris, 1834, *EUI*, t. 28, 2930.

Josef Amédée Caventou was a pharmacist at a hospital and member of his corresponding Academy of Medicine from 1821 onwards. Between 1819 and 1821, he published a treaty and a handbook of Pharmacy as well as his research on some animal matters[15].

Adrien de Jussieu published several studies which specialized in certain botanic genera. This author is quoted by De la Cal in the vegetable kingdom[16].

THE GERMAN INFLUENCE

The earliest reference of a German botanist in *Materia Médica* is the physician Nikolas Josef von Jacquin. He travelled to the Western Indies in search of exotic plants. As a result of his botanical expedition, he published *Selectarum stirpium americanarum historia* in 1763, which includes 264 painted plates[17].

Anton von Storck, was physician at the Grand Hospital of Vienna, which he directed later, and was appointed Director of the Faculty of Medicine in 1777. Along with Schosulan and Dutch-born Jacquin, he published *Pharmacopeia Austriaco-provincialis enmendata* in Vienna in 1794[18].

Little is known about the Brandenburg-born botanist Christian Konrad Sprengel[19].

Karl Louis Willdenow described the flora from Berlin in 1787. In 1811, he moved to Paris in order to classify Humboldt's collections. Willdenow has been considered the most remarkable systematizer of his time. In addition, he was one of the founders of German dendrology[20].

THE SWEDISH INFLUENCE

Peter Jonah Bergius and Olaus Swartz are another two other Swedish authors — besides Linnaeus — of whom De la Cal makes reference. In addition to making studies of the epidemic diseases in Sweden and describing

---

15. *EUI*, t. 12, 702.

16. His book *Cours élémentaire de botanique* was translated into almost all European languages, *EUI*, t. 28, 3233-3234.

17. Other publications by Jacquin : *Flora Austriaca* (5 vols, 500 cooper plates, Vienna, 1773-78) ; *Observationes botanicae* (4 vols with 100 colored plates, Vienna, 1781) ; *Collectanea ad botanicam, chemiam et historiam naturalem spectantia* (5 vols with 106 plates, some are colored, Vienna, 1786-96), *EUI*, t. 28, 2374.

18. *EUI*, t. 57, 1229.

19. Sprengel wrote : *Das entdeckte Geheimnis der Natur im Bau und in der Befruchtung der Blumen*, Berlin, 1793) ; *Die grundlegende Arbeit für die Lehre verder Besàubung der Bluten durch Insekten and Bienen und die Nowendigkeit der Bienenzucht, con einer seiten daigetellt*, Leipzig, 1811, *EUI*, t. 57, 898.

20. Willdenow published : *Florae Berolinensis prodromus*, Berlin, 1787 ; *Grundriss der Kräuterkunde*, Berlin, 1798-1826, and *Anteitung zum Selbstudium der Botanik*, Berlin, 1804, *EUI*, t. 70, 277.

plants from the same country, Bergius published *Materia medica e regno vegetabili* in 1778. On the other hand, Swartz went on a series of journeys through South America and the Antilles, where he studied the flora carefully. Such an experience emerged as a book : *Observationes botanicae, quibus plantae Indiae occidentalis alioque systematis vegetabilum illustrata*, whose first edition dates from 1797. He established more than 50 genera of phanerogams and moss, introduced a new order of orchids, and studied fungi and lichen in depth[21].

THE ENGLISH INFLUENCE

Although William Aiton, from being a humble gardener, he became Director of the Royal Botanical Gardens at Kew. Aiton was surely an important model for De la Cal since the former was able to acclimate and grow many new plants in his gardens. In his work *Hortus Kewensis* — published by his son, William Townsend Aiton — some 5600 vegetables are described, 500 of which are new species. Later, this work was supplemented with the typical species and their growing, the country of origin, etc.[22]

The apothecary Antonio de la Cal y Bracho belonged to the local scientific milieu but at the same time he was linked to theories contained in a lot of books written by physicians, botanists, naturalists, chemists, and specially those who administered botanical gardens in other parts of the world. De la Cal does not only make reference to authors in the botanical classification of species but also incorporates therapeutics employed internationally as well as some sites of plant origin.

APPENDED TABLES

Origin and integration of the vegetable part in *Materia Medica* from Puebla in 1832.

Plants of Mexican origin

Atlanchan	Palancapatli
Begonia	Palo de Campeche
Cebolleja, Cevadilla, Sebadille	Pepitas del Zopilotl
Cihoapatli	Pimienta de Tabasco
Cuajilote	Pochotl o puchotl

21. Works by Swartz : *Nova genera et species plantarum*, Upsala & Abo, 1788 ; *De methodo muscorum*, Erlangen, 1799, and *Adnotationes botanicae*, 1828, *EUI*, t. 58, 1193.
    22. *EUI*, t. 3, 814.

Cuachalalá	Rosilla
Cuautecomate	Sacatechichi
Chía o Chian	Tecomate
Chicalote	Tejocote
Chicozapote	Tepozan o Topozan
Epasote o Epazotl	Tlacopatli
Flor de Pascua	Tlanepaquelite
Flor de Encino	Toloache
Hule	Tzonpantli o Tzonpanquahuitl
Jaltomate	Xiloxochitl
Malva	Xoxocoyolli o xuxucayulli
Maguey	Yerba del Cancer
Maravilla	Yerba de la Gobernadora
Mesquite	Yerba del perro o Itzcuinpantli
Mizquitl	Yerba del Tabardillo
Mohuitli o Moictle	Yoloxochitl
Nananchi o Nanchi	Zoapatle o Zoapatlo

Plants whose origin or usages is recorded as from the Antilles and the Caribean Islands

Name	Additional information
Abelmosco	Or Ambarina. Grown in Cuba
Algalia	Another name for Ambarina
Barbudilla	Grown in the Antilles
Begonia	Cuban varieties : Argenteo-gutta, Feastii, Gunnerae-folia, etc.
Capuchina	Cuban. Recorded as ornamental
Cuajilote	Grown in Tamarindo, Camagüey
Güiro	Cuban species of wild Güiro cimarrón
Malagueta	Pimienta de Tabasco o de Jamaica. Used as tonic, it is stimulating, and as condiment, it prevents food fermentation
Mamey	Mamey amarillo de Santo Domingo
Mangle	Also grows in the Philippines
Maravilla	
Mastuerzo de Indias	
Mercadela	Caléndula Officinalis, grows in La Habana

Milenrama	
Palo Mulato	
Piña	
Pochote	Taken from Mexico to Cuba
Prodigiosa	Hoja bruja en Cuba, Inmortal, Siempre- Viva o Vibora. Emolient and tempering leaves

Plants originated in the American continent

Name	Additional information
Arbol del Perú	O falsa pimienta. Grows in Peru and Chile
Barbudilla	Coming from Peru
Cabezuela	Naturalised in Suitzerland, Italy, Provence and Spain
Flor de Encino	Grown in North America
Magnolia Glauca	Magnolia Blea. From South America
Mastuerzo de Indias	O Capuchinas. From Perú
Mangle	Famous in Cartagena de Indias. Grows in swamps.
Monacillo	Grown in Peru and Brasil. Used in Ceylon.
Palo Nefrítico	Birch for the Ancients.
Piña	Annona
Xoxocoyoli o Xoxo-coyolin	Grows in cape Buena Esperanza and South America

Species of Spanish or European origin

Name	Additional information
Ciruela	There are several species
Narciso	Junquilla o Junquillo. Originated in the East and Spain.
Malva Silvestre	
Maravilla	Caléndula or Death's carnation. Born in France
Mastuerso	Caléndula Officinalis
Mil en rama	Mil hojas, mile folio, árnica. Called " carpenters herb " in France
Yerba y raíz del gato	Valeriana. Comes from the European high lands of Siberia
Viola Tricolor	Comes from the European high lands

Species of African origin

Name	Additional information
Damiana	Originated in Egypt. Born in the Mediterranean shores
Malagüeta	Trade in Senegal
Karat	Originated in Abysinia
Yerba de la Goberna-dora	O Zygophylum. Grows in Tauride, Egypt

Species of eastern origin

Name	Additional information
Pimienta	Piper Nigrum, piper album
Yerba Santa	Piper Sanctum

Places of origin of the vegetables species

Origin	Total
Mexico	44
Antilles and Caribbean lands	18
American Continent	11
Spanish or Europe	8
Africa	4
The East	2
Total	87

BIBLIOGRAPHY USED IN SEARCH OF THE ORIGIN AND INTEGRATION
OF THE VEGETABLES

Patricia Aceves Pastrana, " Hacia una farmacia nacional. La primera Farma-copea del México independiente ", in Patricia Aceves (ed.), *Farmacia, historia natural y química intercontinentales*, México, UAM-Xochimilco, 1996, (Estudios de historia de las ciencias químicas y biológicas, 3).

Curso Completo o Diccionario Universal de Agricultura, Teórica, Práctica, Económica y de Medicina Rural y Veterinari, Escrito en francés por una Sociedad de Agrónomos y ordenado por el abate Rozier, Trad. De Juan Alvarez Guerra, Indicado en la clase de Agricultura de la Real Sociedad Económica de Madrid, En la Imprenta Real, Por D. Pedro Julián Preyra, 1798, 13 vols.

Pedro Cabello de la Torre, *Macer Floridus*, Edición facsímil del Herbario-Médico Medieval de la Real Colegiata de San Isidoro de León, 1990, León, Universidad de León, 1990, XCIV p.

Francisco Hernández, *Historia de las Plantas de Nueva España*, México, Universidad Nacional de México, 1959, vols I y II, t. II y III.

F.V. Merat et A.J. de Lens, *Dictionnaire Universel de Matière Medicale et de Thérapeutique Générale*, Contenant l'indication, la description et l'emploi de tous les medicamens connus dans les diverses parties du globe, Paris, J.B. Bailliere, 1829, 695 p.

L. Milne Edwards y P. Vavasseur, *Manual de Materia Médica o sucinta descripción de los medicamentos*, Trad. Luis Oms y José Oriol Ferreras, 2da ed., Barcelona, Imprenta de DRM Indar, 1835, 366 p.

Simeón Remi, *Diccionario de la lengua Nahuatl o mexicana*, México, Editorial Siglo XXI, 1977, 783 p.

Esteban de Terreros y Pando, *Diccionario de castellano con las voces de ciencia y artes...*, Madrid, MDCCLXXXVI, 4 vols.

Juan Tomás Roig y Mesa, *Diccionario Botánico*, De nombres vulgares cubanos, 2 t., 3[era] ed., La Habana, Editora del Consejo Nacional de Universidades, 1965, t. 1, 599 p., t. 2, 1142 p.

ACKNOWLEDGEMENTS

I wish to acknowledge Erika Galicia Isasmendi and Ana Claudia Román Islas' participation in the information gathering for this paper.

The Université de Liège gave me a great support for participating in the XXth International Congress of History of Science, where I presented this paper.

CONTRIBUTORS

Patricia ACEVES PASTRANA
Coordinatrice du groupe RIHECQB
Recteur de la Universidad Autonoma
Métropolitana-Xochimilco
Mexico, D.F. (Mexico)

Ana Maria ALFONSO GOLDFARB
Coordinatrice du Second Cycle en
Histoire des Sciences
Pontificia Universidade Católica
São Paulo (Brésil)

Andrés ARANDA
UNAM
Faculty of Medicine
Department of History and Philoso-
phy of Medicine
Mexico, DF (Mexico)

Naceur AYED
Institut National des Sciences
Appliquées et de Technologie
Tunis (Tunisie)

Martha BALDWIN
Stonehill College
Department of History of Science
North Easton, MA (USA)

Jenny BALFOUR-PAUL
Devon (United Kingdom)

Monique DEMBREVILLE
IUFM de Versailles
Centre Antony-Val de Bièvres
Antony (France)

Anne-Claire DÉRÉ
Université de Nantes
Centre François Viète
Nantes (France)

Gérard EMPTOZ
Université de Nantes
Centre François Viète
Nantes (France)

Márcia H.M. FERRAZ
Pontificia Universidade Católica
São Paulo (Brazil)

Jose Luiz GOLDFARB
Pontificia Universidade Católica
São Paulo (Brazil)

Ana Maria HUERTA JARAMILLO
Universidad Autónoma de Puebla
Puebla (México)

Angélique KININI
Athènes (Grèce)
Doctorant-chercheur attaché au
Centre François Viète
Université de Nantes

David KNIGHT
University of Durham
Department of Philosophy
Durham (United Kingdom)

Issam OUESLATI
Institut National des Sciences
Appliquées et de Technologie
Tunis (Tunisie)

Mariblanca RAMOS
UNAM
Faculty of Medicine
Mexico, DF (Mexico)

Raúl RODRÍGUEZ NOZAL
Universidad Complutense de Madrid
Madrid (Spain)

Maria Helena ROXO BELTRAN
Pontificia Universidade Católica
São Paulo (Brazil)

Gerardo SÁNCHEZ DÍAZ
Inst. de Investigaciones Historicas
Universidad Michoacana
de San Nicolás de Hidalgo
Morelia, Michoacan (México)

Brigitte VAN TIGGELEN
Centre Interfacultaire d'Étude
en Histoire des Sciences
Université Catholique de Louvain
Louvain-la-Neuve (Belgique)

Carlos VIESCA T.
UNAM
Faculty of Medicine
Department of History and
Philosophy of Medicine
Mexico, DF

Luciana ZATERKA
Pontificia Universidade Católica
São Paulo (Brazil)